软件功能应用案例展示

01 制作销量分析统计表

本例难易度：

★★☆☆☆

制作关键：

本例先用SUM函数计算出各销售人员的年总销量，再用AVERAGE函数计算各人员的季平均销量，然后用MAX函数计算各季度销量最高值，用MIN函数计算各季度销量最低值，再使用COUNT函数计算参数中包含数字的个数，最后用RANK函数对数据进行排序。

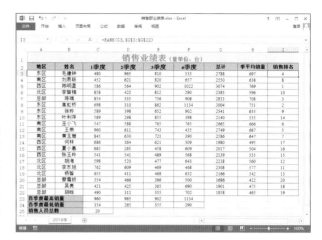

02 制作入职测试成绩统计表

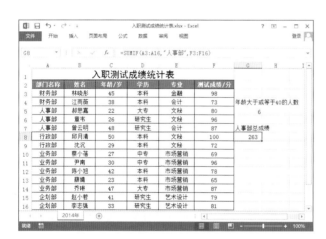

本例难易度：

★★★☆☆

制作关键：

本例先录入成绩相关信息，接着设置数据验证，然后依次选择自定义序列，再插入函数，并选择"COUNTIF函数"，设置函数参数，得出结果值，最后选择SUMIF函数，设置其参数，得出结果。

03 分析库存明细表

本例难易度：

★★☆☆☆

制作关键：

库存表是办公中的一种常用表格，用户可以根据库存表的数据对产品进行分析与整理。本例先对明细表进行降序排列，然后设置筛选条件，按存货点进行筛选，最后设置分类汇总选项，对明细表进行分类汇总。

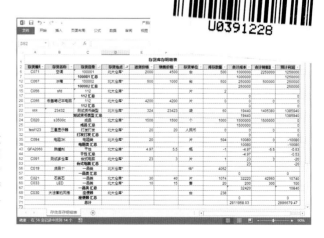

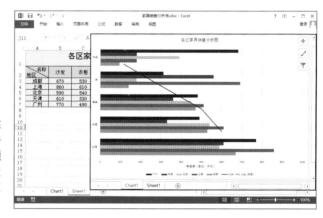

04 管理"楼盘销售信息表"

本例难易度：

★★☆☆☆

制作关键：

　　根据楼盘销售信息，对当前市场进行分析。是销售人员重要工作之一。本例管理楼盘销售信息表，首先对销售数据进行排序，然后进行高级筛选，查看销售情况，最后清除筛选，分类汇总数据。

05 生成条形图分析各区产品销量

本例难易度：

★★☆☆☆

制作关键：

　　本例先是选择家具数据创建二维条形图，然后添加坐标标题并调整图表整体大小，再更改图表颜色，添加移动平均趋势线，并设置趋势线格式，最后移动图表至新工作表。

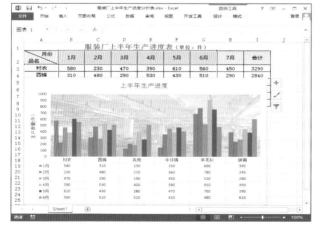

06 生成柱形图分析产品生产进度

本例难易度：

★★☆☆☆

制作关键：

　　本例首选创建二维簇状柱形图，接着切换图表行/列数据显示，然后删除图表中多余数据系列，再然后插入图片填充绘图区并删除网络线，最后更改图表布局。

行业综合应用案例展示

Excel在行政文秘工作中的应用

01 制作员工信息登记表

本例难易度：

★★★☆☆

制作关键：

员工信息登记表是每位员工刚入职时所填写的基本信息表，在人事管理中都需要进行存档。下面，介绍将已有的基本数据复制到表格中，然后为调整表格行高列宽，最后为表格添加边框。

02 制作员工考勤表

本例难易度：

★★★☆☆

制作关键：

考勤表包括公司员工的具体上下班时间，迟到/早退/旷工/病假/事假/休假的情况。考勤表可以作为文本的"证据"，本案例主要介绍如何制作考勤表的基本格式以及分析表格数据。

03 制作办公用品盘点清单表

本例难易度：

★★★★☆

制作关键：

盘点表主要是针对公司目前所有的产品进行清查得出数据。根据数据对产品进行分析，分析出哪些产品类型的利益化相对较大，哪些类型的产品属于滞销。制作本案例首先需要输入盘点表的所有明细科目，然后根据盘点的结果将数据输入至表格中，最后使用条件格式对库存数量及本月销量进行标记，制作出一张具有模板性质的盘点表。

Excel在人力资源工作中的应用

01 制作公司员工档案表

本例难易度：

★★★☆☆

制作关键：

根据不同的行业，填写的档案表有所不同。本例介绍输入文本或数据的方法、保存文档、设置单元格格式及保护工作表的相关知识。

02 制作招聘流程图

本例难易度：

★★★☆☆

制作关键：

当公司人力资源需要储备人才时，随时都会引进人才，因此可以利用Excel制作出简易的招聘流程。制作案例首先使用艺术字制作出标题，再用形状绘制出基本框架，然后为形状添加文本并组合形状。

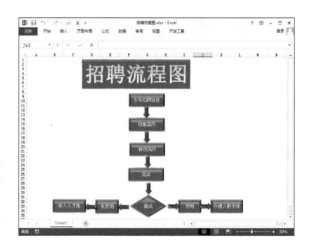

03 制作员工培训成绩表

本例难易度：

★★★★☆

制作关键：

通过培训成绩表对公司的员工作一个基本了解，看员工对公司的认知到底怎么样，根据成绩结果，可将员工岗位或薪资进行调整。制作本案例首先需要输入培训的成绩，然后根据表中数据进行分析。

Excel在市场营销工作中的应用

01 制作产品销售表

本例难易度：

★☆☆☆☆

制作关键：

传递到公司的销售数据通常是杂乱无章的，必须对其进行整理，同时从这些数据中得到销售额等有用信息。

本例制作各分店营业额分析统计图表，先输入与计算饼图数据，然后选择总额数据创建饼图，接着创建双层饼图，最后编辑饼图图表。

02 制作市场问卷调查表

本例难易度：

★★★☆☆

制作关键：

问卷调查是社会调查一种数据收集手段。

本例制作产品市场问卷调查表，首先录入介绍文本，并设置文本格式，然后插入分组框，并删除分组框名称，接着绘制选项按钮，并输入名称，接着依次绘制分组框及选项按钮，最后设置控件格式。

03 制作销售预测分析图表

本例难易度：

★★☆☆☆

制作关键：

销售数据预测分析，主要用于衡量和评估领导人所制定的计划销售目标与实际销售之间的关系。

本实例制作销售预测分析图表，首先录入预测表数据，并设置格式，然后添加斜线表头，接着公式返回季度名、销售额，最后创建图表，并绘制滚动条，设置图表样式等。

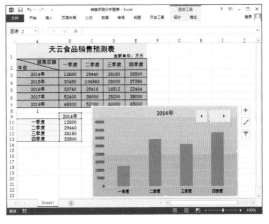

Excel在财务管理工作中的应用

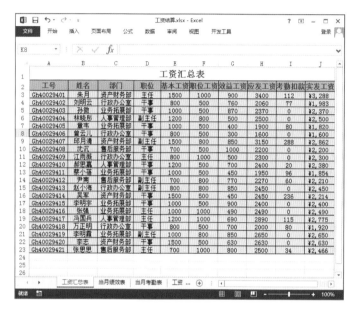

01 制作工资汇总表

本例难易度:

★★★☆☆

制作关键:

制作工资表,首先需要根据企业工资的实际构成情况,输入工资项目。然后录入绩效表、考勤表的相关数据信息。

02 **制作工资条**

本例难易度:

★★★☆☆

制作关键:

工资管理是企业账目管理中一个重要的组成部分,数据量非常大,而且绝不允许出错。

在本实例中,工资的构成除了相对固定的基本工资、职位工资等,还有每个月都变动的效益工资、考勤扣款等,因此需要先建立多个数据表,然后进行核算实发工资。最后使用函数快速制作工资条,并设置页面将其打印。

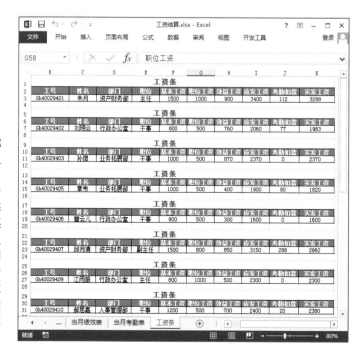

		fx	=E16-E17				

表一：产品用料及售价

产品	材料一	材料二	材料三	材料四	生产数量	售价	总额
A	56	64	18	36	0	328	0
B	41	48	12	28	71	260	18460
C	35	40	8	16	0	170	0
D	27	24	5	8	1	98	98

表二：材料库存及使用情况

库存情况	材料一	材料二	材料三	材料四
现有库存	4000	4800	1200	2000
使用情况	2938	3432	857	1996

表三：成本价格表

成本	材料一	材料二	材料三	材料四
单位成本	1.8	0.7875	2.6	0.3
单项成本	5288.4	2702.7	2228.2	598.8

表四：利润分析

总收入	18558
总成本	10818.1
总利润	7739.9

规划求解

03 实现企业利润最大化

本例难易度：

★★★★☆

制作关键：

在有限的生产资源限制下，如何安排生产，既使原材料达到最大利用，又能实现利润最大化，正确使用"规划求解"工具是关键。通过分析生产条件，对直接或间接与目标单元格中的公式相关的一组单元格进行处理，从而得到最大利润。

04 运算结果报告

本例难易度：

★★★★☆

制作关键：

在使用规划求解制订企业生产计划后，如果规划求解数据更改，可以随时重新调整生产计划。决策的关键在于通过修改规划求解的约束条件，求得改变约束条件后的最大利润，从而做出判断。使用规划求解计算后，除了可以显示出求解结果之外，还能够产生分析报告以供参考。

05 方案摘要

本例难易度：

★★★★☆

制作关键：

用户可以使用方案来预测工作表模型的输出结果。还可以在工作表中创建并保存不同的数值组，然后切换到任何新方案以查看不同的结果，以便给决策提供依据。

本例难易度：

★★★★☆

制作关键：

资产负债表需要填列的项目包括年初余额和期末余额。年初余额直接根据上年度的期末余额进行填列即可；期末余额可以根据总账科目余额直接填列。资产负债表大部分项目的填列都是根据有关总账账户的余额直接填列，因此需要先编制总账账户数据。

资产负债表.xlsx - Excel

文件 开始 插入 页面布局 公式 数据 审阅 视图 开发工具 登录

I2

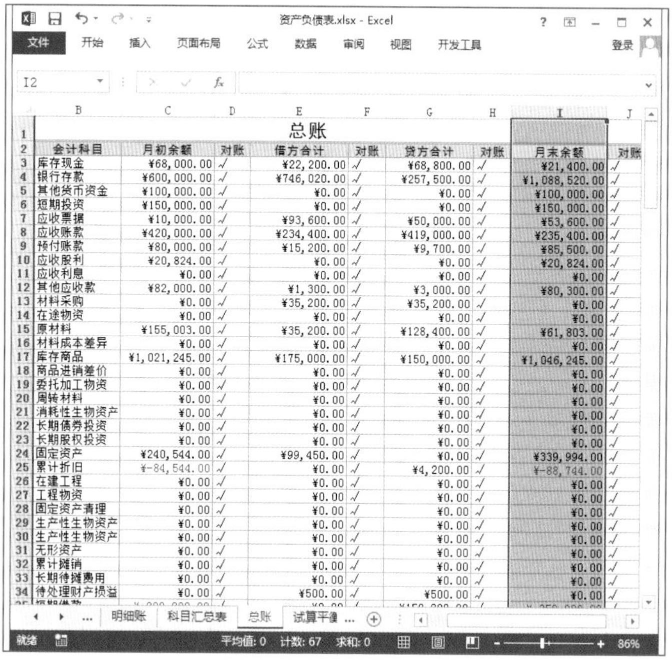

总账

	会计科目	月初余额	对账	借方合计	对账	贷方合计	对账	月末余额	对账
2	库存现金	¥68,000.00	√	¥22,200.00	√	¥68,800.00	√	¥21,400.00	√
3	银行存款	¥600,000.00	√	¥746,020.00	√	¥257,500.00	√	¥1,088,520.00	√
4	其他货币资金	¥100,000.00	√	¥0.00		¥0.00		¥100,000.00	√
5	短期投资	¥150,000.00	√	¥0.00		¥0.00		¥150,000.00	√
6	应收票据	¥10,000.00	√	¥93,600.00	√	¥50,000.00	√	¥53,600.00	√
7	应收账款	¥420,000.00	√	¥234,400.00	√	¥419,000.00	√	¥235,400.00	√
8	预付账款	¥80,000.00	√	¥15,200.00	√	¥9,700.00	√	¥85,500.00	√
9	应收股利	¥20,824.00	√	¥0.00		¥0.00		¥20,824.00	√
10	应收利息	¥0.00		¥0.00		¥0.00		¥0.00	
11	其他应收款	¥82,000.00	√	¥1,300.00	√	¥3,000.00	√	¥80,300.00	√
12	材料采购	¥0.00		¥35,200.00	√	¥35,200.00	√	¥0.00	
13	在途物资	¥0.00		¥0.00		¥0.00		¥0.00	
14	原材料	¥155,003.00	√	¥35,200.00	√	¥128,400.00	√	¥61,803.00	√
15	材料成本差异	¥0.00		¥0.00		¥0.00		¥0.00	
16	库存商品	¥1,021,245.00	√	¥175,000.00	√	¥150,000.00	√	¥1,046,245.00	√
17	商品进销差价	¥0.00		¥0.00		¥0.00		¥0.00	
18	委托加工物资	¥0.00		¥0.00		¥0.00		¥0.00	
19	周转材料	¥0.00		¥0.00		¥0.00		¥0.00	
20	消耗性生物资产	¥0.00		¥0.00		¥0.00		¥0.00	
21	长期债券投资	¥0.00		¥0.00		¥0.00		¥0.00	
22	长期股权投资	¥0.00		¥0.00		¥0.00		¥0.00	
23	固定资产	¥240,544.00	√	¥99,450.00	√	¥0.00		¥339,994.00	√
24	累计折旧	¥-84,544.00	√	¥0.00		¥4,200.00	√	¥-88,744.00	√
25	在建工程	¥0.00		¥0.00		¥0.00		¥0.00	
26	工程物资	¥0.00		¥0.00		¥0.00		¥0.00	
27	固定资产清理	¥0.00		¥0.00		¥0.00		¥0.00	
28	生产性生物资产	¥0.00		¥0.00		¥0.00		¥0.00	
29	生产性生物资产	¥0.00		¥0.00		¥0.00		¥0.00	
30	无形资产	¥0.00		¥0.00		¥0.00		¥0.00	
31	累计摊销	¥0.00		¥0.00		¥0.00		¥0.00	
32	长期待摊费用	¥0.00		¥500.00	√	¥500.00	√	¥0.00	
33	待处理财产损益								

明细账 科目汇总表 **总账** 试算平…

就绪 平均值: 0 计数: 67 求和: 0 86%

资产负债表.xlsx - Excel

文件 开始 插入 页面布局 公式 数据 审阅 视图 开发工具 登录

G38 =G25 +G37

资产负债表

会小企01表

编制单位: ××公司　　　　　2014年 12 月　　　　　单位: 元

资 产	行次	期末余额	年初余额	负债和所有者权益	行次	期末余额	年初余额
流动资产:				流动负债:			
货币资金	1	1209920.00	1200000.00	短期借款	31	350000.00	300000.00
短期投资	2	150000.00		应付票据	32	15200.00	190000.00
应收票据	3	53600.00	150000.00	应付账款	33	209025.00	234000.00
应收账款	4	235400.00	1800000.00	预收账款	34	50000.00	250000.00
预付账款	5	85500.00	200000.00	应付职工薪酬	35	125145.00	80000.00
应收股利	6	20824.00		应交税费	36	91399.00	98520.00
应收利息	7			应付利息	37	6000.00	
其他应收款	8	80300.00	8000.00	应付利润	38	15464.00	15200.00
存货	9	1108048.00		其他应付款	39	8500.00	200.00
其中: 原材料	10		150000.00	其他流动负债	40		
库存	11		100000.00	流动负债合计	41	1007333.00	1167920.00
客存商品	12		250000.00	非流动负债:			
周转材料	13			长期借款	42		1000000.00
其他流动资产	14			长期应付款	43		
流动资产合计	15	2943592.00	3858000.00	递延收益	44		
非流动资产:				其他非流动负债	45		
长期债券投资	16			非流动负债合计	46		1000000.00
长期股权投资	17			负债合计	47	1007333.00	2167920.00
固定资产原价	18	339994.00					
减: 累计折旧	19	88744.00	990000.00				
固定资产账面价值	20	251250.00	1010000.00				
在建工程	21						
工程物资	22						
固定资产清理	23		78000.00	所有者权益:			
生产性生物资产	24						
无形资产	25			实收资本 (或股本)	48	110000.00	2000000.00
开发支出	26			资本公积	49		150000.00
长期待摊费用	27			盈余公积	50		100000.00
其他非流动资产	28			未分配利润	51	1087309.00	528080.00
非流动资产合计	29	251250.00	1088000.00	所有者权益合计	52	2187309.00	2778080.00
资产合计	30	3194842.00	4946000.00	负债和所有者权益合计	53	3194842.00	4946000.00

银行存款余额调节表 **资产负债表**

就绪 70%

本例难易度：

★★★☆☆

制作关键：

资产负债表，是指反映小企业在某一特定日期的财务状况的报表。它是根据"资产=负债+所有者权益"的会计恒等式，按照一定的分类标准和一定的顺序，对企业一定时期的资产、负债和所有者权益项目适当排列，并对日常工作中产生的大量数据按照一定的要求编制而成的。

本例先让财务新人了解资产负债表项目，然后编制资产负债表。

如此简单！
你也可以玩转
Excel

前沿文化 编著

中国铁道出版社

CHINA RAILWAY PUBLISHING HOUSE

内 容 简 介

本书打破了传统的按部就班讲解知识点的模式，以"学以致用"为出发点，全书贯穿丰富的实用案例，讲解了 Excel 2013 表格编辑与数据处理的相关应用。本书让读者在学会软件操作的同时，也可快速提高实际应用能力和实战经验，力求读者通过本书的学习，真正达到"学得会"也"用得上"的学习目的。

全书分为两个部分共 12 章。第 1 部分为"技能讲解篇"（第 1 章～第 8 章），主要通过相关案例，讲述了 Excel 2013 表格编辑与数据处理方面的常用功能和实用技能。第 2 部分为"行业应用篇"（第 9 章～第 12 章），主要结合相关案例，讲解了 Excel 在行政文秘、人力资源、市场营销、财务管理等行业中的实战应用。

本书既适合于各行业办公人员和管理人员学习使用，也适合于大中专院校相关专业的教材用书，还可作为电脑办公培训班的培训教材或学习辅导书。

图书在版编目（CIP）数据

如此简单！你也可以玩转 Excel/ 前沿文化编著 . —北京：
中国铁道出版社，2015.6
　ISBN 978-7-113-19844-2

　Ⅰ . ①如… Ⅱ . ①前… Ⅲ . ①表处理软件 Ⅳ .
① TP391.13

中国版本图书馆 CIP 数据核字（2015）第 001549 号

书　　名：**如此简单！你也可以玩转 Excel**
作　　者：前沿文化　编著

策　　划：苏　茜　　　　　　　读者热线电话：010-63560056
责任编辑：吴媛媛　　　　　　**特邀编辑**：安云飞
责任印制：赵星辰　　　　　　**封面设计**：多宝格

出版发行：中国铁道出版社（北京市西城区右安门西街 8 号　邮政编码：100054）
印　　刷：北京铭成印刷有限公司
版　　次：2015 年 6 月第 1 版　　　　　　2015 年 6 月第 1 次印刷
开　　本：720mm×1000mm　1/16　**印张**：19.75　**插页**：4　**字数**：387 千
书　　号：ISBN 978-7-113-19844-2
定　　价：45.00 元（附赠光盘）

前言

致亲爱的读者

这是一本与以往您看到的不一样的 Excel 图书；

这是一本更注重应用与实战经验的 Excel 图书；

这是一本案例精、手法新、非常具有学习借鉴与参考价值的图书。

它，不是从零开始，而是更重实际应用，非常适合缺乏实战经验与应用技巧的读者学习；

它，不像市面上所谓的大而全、大砖块似的图书，泛泛而谈，有用的、无用的都写上，让读者花费金钱与时间学习后，在实际工作中却用不到书中内容的30%；

它，采用"案例 + 逆向式"的写作手法，只给读者传授"最实用、最常用"的操作技能。真正帮助读者解决工作上"学得会"与"用得上"的两个关键问题。

您若不信，耽误您几分钟时间，请您仔细看看图书目录与写作内容，相信您会有不一样的感悟和收获！

丛书策划介绍

在当今"快节奏、高效率"的时代，或许我们不差钱，但差时间。因此，让不懂或者缺乏 Excel 实战应用经验的读者，如何花最少时间从书中学习到"最常用、最实用"的技能，帮助读者解决工作上的问题，是我们策划并编写这套书的一个根本出发点。

本套书总结了市场上同类书籍的优点与缺点，并结合了多位电脑商务办公专家、一线电脑教学老师的相关经验，收集并编写了大量的商业应用实战案例，真正解决读者"学"与"用"的两个关键问题。丛书共有如下四本。

本书内容说明

Excel 是微软公司推出的 Office 办公自动化软件中的重要组件之一。其界面友好、操作简便、功能强大，可以利用公式、图表、函数等工具对各种数据进行管理、汇总与分析，广泛地应用于统计、金融、管理、行政等众多领域。

《如此简单！你也可以玩转 Excel》一书，是"如此简单"系列中的一本。该书内容系统、全面，充分考虑即将走入职场和广大在职人员的实际情况，打破传统按部就班讲解知识点的模式，以"实战应用"为出发点，结合大量源于工作中的精彩案例，全面地讲解了 Excel 在日常办公中表格编辑与数据处理分析的相关应用与实战技巧。

☑ 内容安排

全书共分为两个部分，第 1 部分为"技能讲解篇"（第 1 章～第 8 章），主要通过相关案例，讲述 Excel 表格编辑与数据处理的常用与实用技能。第 2 部分为"行业应用篇"（第 9 章～第 12 章），主要结合相关案例，讲解 Excel 在行政文秘、人力资源、市场营销、财务管理等行业中的实战应用。

☑ 本书特色

● 学以致用：本书拒绝脱离实际应用的单纯软件讲解，以实用案例贯穿全书，让读者在学会软件的同时可以快速提高实际应用能力和实战经验。

● 案例丰富：作者从工作实践中精选多个典型案例，全面涵盖 Excel 在人事、行政、文秘、市场销售等日常办公的相关领域。

● 视频教学：本书配送一张多媒体教学光盘，光盘包含了书中所有实例的素材文件和结果文件，方便读者学习时同步练习。并且还配送有全书重点应用案例的教学视频以及赠送视频，播放时间长达 600 分钟，书盘结合学习，其效果立竿见影。

● 模板丰富：在光盘中还赠送了 4 200 多个 Office 模板，涵盖了 Office 在行政文秘、电脑办公、人力资源、公司管理、市场营销和财务管理等众多领域的应用，以方便读者在工作中参考使用。

作者致谢

本套书由前沿文化与中国铁道出版社联合策划，并由前沿文化组织编写。参与本书编创的人员都具有丰富的实战经验和一线教学经验，并已编写出版了多本计算机相关书籍。在此，向所有参与本书编创的人员表示感谢！

凡购买本书的读者，即可申请加入读者学习交流与服务 QQ 群（群号：363300209），有机会获得《Excel 办公与应用（入门篇）》电子图书一份，我们在 QQ 群中还会为读者不定期举办免费的 IT 技能网络公开课，欢迎读者加入 QQ 群了解详情。

最后，真诚地感谢您购买本书。您的支持是我们最大的动力，我们将不断努力，为您奉献更多、更优秀的计算机图书！由于计算机技术发展非常迅速，加上编者水平有限，书中疏漏和不足之处在所难免，敬请广大读者及专家批评指正。

编　者
2015 年 3 月

目 录

CHAPTER

01

简单快速制表
——数据的录入与编辑

■ 本章导读

　　使用 Excel 处理数据，就必须面临数据录入的问题，数据录入看似简单，但实际上要做到既快又准却并非易事。本章通过了解 Excel 的功能与作用后，以制作表格、管理与编辑表格的知识点为例，来掌握 Excel 数据的录入与编辑。

■ 案例展示

1.1 知识链接——Excel 应用知识

▶ 录入分数、上下标，快速填充指定序列，按照特定序列排序，按照多个条件筛选数据，按照多个条件统计数据。这些操作听上去非常复杂，为什么呢？因为不会 Excel。

主题 01 Excel 的圈子有多大

俗话说，"世界有多大，心就有多宽"。那么可以这样说，工作范畴有多广，Excel 的能耐就有多大。它是行政文秘的小秘，是人力资源的管理者，是市场营销的分析家，更是公司的财务总监。这样一个人见人用的"香饽饽"，岂能白白浪费？

主题 02 Excel 能为商务办公带来多少便利

还在说"工作量大，时间不够"？看看窗外飞速行驶的汽车，再想想自己的办公效率。为什么放着助手 Excel 不用，数据编辑、数据处理、数据计算、数据统计与分析等，对它来说，都是小事一桩。例如，左下图所示的"家电销售表"和右下图所示的"现金流量表"，搞定也就分分钟的事儿。

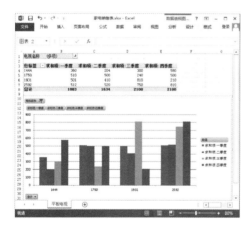
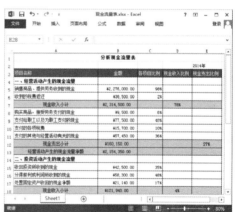

主题 03 Excel 中需牢记的名词

工作效率低，不仅表现为技能欠缺，工作习惯往往也是问题。工欲善其事，必先利其器，所以我们要先提高对 Excel 界面（见下图）的认知度，着手记忆每个名词。

❶ 工作簿：通常所说的 Excel 文件，一个工作簿可包含多张工作表。

❷ 工作表：Sheet1 默认显示在工作簿窗口中的表格。

❸ 菜单：装有功能命令的清单。

❹ 按钮：图形化的功能命令。

❺ 单元格：用于存放数据的"抽屉"，单元格坐标表示为 A1、B2、C3……

❻ 数据区域：多个单元格组成的区域。

❼ 行：同"纬度"的单元格组成行，行坐标表示为 1、2、3、4……

❽ 列：同"经度"的单元格组成列，列坐标表示为 A、B、C、D……

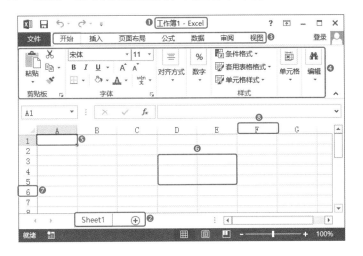

1.2 同步训练——实战应用成高手

▶ 学习 Excel，首先要学会对数据的录入与编辑，下面通过制作办公用品领取登记表、员工试用期考核表、管理产品季度销售表、员工档案表以及差旅费报销凭证表，介绍其使用方法。希望读者能跟着我们的讲解，一步一步地做出与书同步的效果。

学习资料

　　为了方便学习，本节相关实例的素材文件、结果文件及同步教学文件可以在配套的光盘中查找，具体内容路径如下。

| 原始素材文件：光盘\素材文件\第 1 章\同步训练\ |
| 最终结果文件：光盘\结果文件\第 1 章\同步训练\ |
| 同步教学文件：光盘\多媒体教学文件\第 1 章\同步训练\ |

案例 01 制作办公用品领取登记表

案例效果

制作分析

本例难易度	制作关键	技能与知识要点
★ ☆ ☆ ☆ ☆	本例主要是制作办公用品领取登记表。首先是新建工作簿，接着录入文本、数据，然后填充相同数据，再设置文本字符格式与对齐方式，最后调整表格行高并重命名工作表	◈ 保存工作簿 ◈ 在同列中填充相同数据 ◈ 设置字符格式 ◈ 设置文本对齐方式 ◈ 设置行高 ◈ 重命名工作表

具体步骤

Step 01 打开"空白工作簿"并进入"文件"菜单。在"所有程序"列表中单击 Microsoft Office 2013——Excel 2013，进入 Excel 2013 启动界面，单击"空白工作簿"图标，成功创建空白工作簿，单击"文件"菜单，如左下图所示。

Step 02 打开"另存为"对话框。在"菜单"界面中选择左侧的"保存"命令，在"另存为"下方选择存储位置，如"计算机"，单击右侧的"浏览"图标，如右下图所示。

温馨小提示

　　除以上方法可以保存文件外，还可以使用快捷键【Ctrl+S】或单击快速访问工具栏中的"保存"按钮🖫，在首次保存文件时均会打开"另存为"对话框。

　　如果文件在保存后，再使用以上三种方式保存文件，都不会再出现"另存为"对话框，而是自动替换第一次保存的文件。

　　若要将已保存的文件重新保存为一个新文件或者修改文件的类型，则需要选择"文件"选项卡中的"另存为"命令，在对话框中重新输入文件名和选择工作簿的类型即可。

Step 03 保存工作簿。在打开的"另存为"对话框中选择存储位置，输入文件保存名称，单击"保存"按钮，如左下图所示。

Step 04 输入文本。将工作簿保存后，切换至自己所需的输入法，在表格各单元格中依次输入文本内容，如右下图所示。

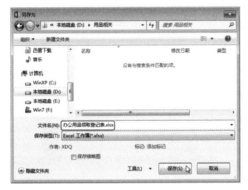 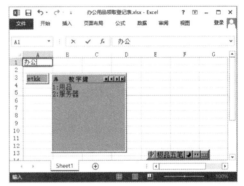

Step 05 输入数据。在各对应的单元格中输入正确数据，如左下图所示。

Step 06 在同列中快速填充相同数据。拖动鼠标选中需在同列中填充相同数据的几个连续单元格，将鼠标指针移至右下角，呈"+"形状时，向下拖动鼠标，填充相同数据，如右下图所示。

温馨小提示

在单元格中输入数据时，如果要输入含有小数点的数字，可以通过设置，让输入的数字根据设置的小数位数自动出现小数点。打开"Excel 选项"对话框，单击"高级"选项卡，在"编辑选项"选项下勾选"自动插入小数点"复选框，并根据情况设置"自动插入小数点"的位数即可。

在表格中输入数字的方法很简单，可以通过键盘打字区数字键输入，也可以在数字区域输入。使用数字区域输入数据，只有在 NumLock 的指示灯亮起时才能输入。

Step 07 设置标题文本字体格式。选中标题文本所在单元格，在"开始"选项卡的"字体"功能组中设置字体为"黑体"，设置字号为"16"，如左下图所示。

Step 08 设置标题文本对齐方式。选中与表格正文对应的标题所在行单元格，在"开始"选项卡的"对齐方式"功能组中单击"合并后居中"按钮，如右下图所示。

温馨小提示

选中需要调整字号的单元格，在"字体"功能组中单击"增大字号"按钮 A 或"减小字号"按钮 A，将根据字号列表中排列的字号大小依次增大或减小所选字符的字号。

Step 09 打开"行高"对话框。将鼠标指向行的前方，呈"→"形状时拖动鼠标选择需要设置行高的区域；在"开始"选项卡的"单元格"功能组中单击"格式"下拉按钮，在弹出的下拉列表中选择"行高"命令，如左下图所示。

Step 10 统一设置表格行高。在打开的"行高"对话框中输入行高值，单击"确定"按钮，如右下图所示。

温馨小提示

将鼠标指向列的上方，呈"↓"形状时，选中需要设置列宽的区域，同样在"单元格"功能组中单击"格式"下拉按钮，在弹出的下拉列表中选择"列宽"命令，打开"列宽"对话框，设置列宽值即可。

Step 11 执行工作表"重命名"命令。右击工作表 Sheet1，在弹出的快捷菜单中选择"重命名"命令，如左下图所示。

Step 12 为工作表重新输入名称。工作表名称处于可编辑状态，输入新名称，单击任意空白处，确认输入，效果如右下图所示。

 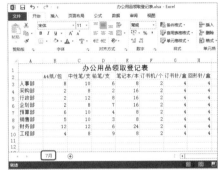

温馨小提示

　　重命名工作表除上述方法外，还可以在工作表标签处双击，即可让工作表名称处于可编辑状态，输入新名称即可。

案例 02　制作员工试用期考核表

案例效果

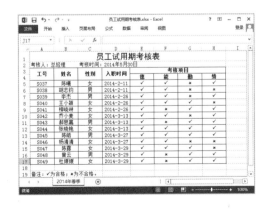

制作分析

本例难易度	制作关键	技能与知识要点
★★☆☆☆	制作员工试用期考核表，首先创建工作簿，并重命名工作表，输入文本，递增填充数据，然后在多个不连续单元格中快速输入相同文本，设置时间格式并输入时间，插入特殊符号，再设置表格字体格式与对齐方式，最后为表格添加框线	◇ 重命名工作表 ◇ 快速填充数据 ◇ 在多个不连续单元格中快速输入相同文本 ◇ 设置单元格格式 ◇ 插入特殊符号 ◇ 添加框线

具体步骤

Step 01 保存工作簿并重命名工作表。启动 Excel 2013，将空白工作簿保存为"员工试用期考核表"，将工作表名称重命名为"2014年春季"，如左下图所示。

Step 02 快速填充数据。在表格各单元格中输入所需文本，在 A3 单元格中输入第 1 个工号"S037"，将鼠标指针指向该单元格右下角，呈"+"形状时，向下拖动鼠标，自动递增填充数据，如右下图所示。

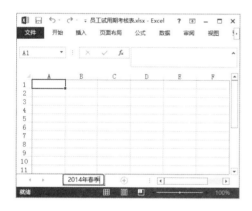 

温馨小提示

如果在一个单元格区域内需要填充等差序列，则先输入前两个数值，输入后选中两个单元格使用拖动填充的功能，即可按数值的差进行填充。

Step 03 在多个不连续单元格中快速输入相同文本"男"。按住【Ctrl】键，在"性别"列中选中需要填充"男"的所有单元格,选中后输入"男"，按【Ctrl+Enter】组合键，即可快速在不连续的多个单元格中填充相同文本"男"，效果如左下图所示。

Step 04 在多个不连续单元格中快速输入相同文本"女"。使用第 3 步同样的方法，在多个需要输入文本"女"的单元格中输入"女"，效果如右下图所示。

温馨小提示

　　要在多个单元格中填充相同内容，也可以将已知单元格选中，然后在"剪贴板"功能组中单击"复制"按钮🗐，最后在多个目标单元格单击"粘贴"按钮🗐即可。

Step 05 打开"设置单元格格式"对话框。选中时间所在单元格区域；在"开始"选项卡的"数字"功能组中单击"对话框启动器"按钮🡒，如左下图所示。

Step 06 设置时间格式。打开"设置单元格格式"对话框，在"数字"选项卡中选择"日期"选项，在右侧选择一种日期类型，单击"确定"按钮，如右下图所示。

Step 07 输入时间。在 D 列"入职时间"中，依次根据实际情况输入各员工入职的具体时间，如左下图所示。

Step 08 打开"符号"对话框。选中需要插入特殊符号的 E3 单元格，单击"插入"选项卡，在"符号"功能组中单击"符号"按钮Ω，如右下图所示。

Step 09 插入所需符号。打开"符号"对话框,选择"字体"类型,如 Wingdings;
选中需要插入的符号,单击"插入"按钮,如左下图所示。

Step 10 继续插入所需其他符号。即可将选择的符号插入选中的单元格中,使用
同样的方法,继续为其他单元格插入符号,如右下图所示。

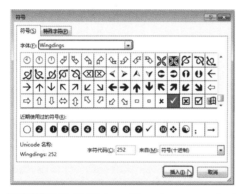
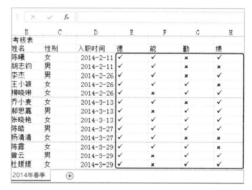

Step 11 连续插入 2 行。在行号 2 处单击,选择该行;在"单元格"功能组中单
击 2 次"插入"按钮 ,如左下图所示。

Step 12 合并单元格。即可在选中的行上方快速插入两行,选中 A2: H2 单元格;
在"开始"选项卡的"对齐方式"功能组中的单击"合并后居中"下拉按钮,
在弹出的下拉列表中选择"合并单元格"命令,如右下图所示。

温馨小提示

快速插入行或列，有以下几种方法：

选中1行/列，单击1次"单元格"功能组中的"插入"按钮，即可插入1行/列，再单击1次，会再插入1行/列。

选中2行/列，单击1次"单元格"功能组中的"插入"按钮，即可插入2行/列，再单击1次，会再插入2行/列。

插入行/列，也可以通过"插入"下拉列表中的命令来完成，或者选中行/列后，右击，在弹出的快捷菜单中通过命令来完成。

Step 13 输入需要补充的文本。在合并的单元格中输入文本内容，如左下图所示。

Step 14 合并单元格并输入补充文本。选中 A3 与 A4 单元格，将其合并，并依次将 B3 与 B4、C3 与 C4、D3 与 D4、E3:H3 合并；在 E3:H3 单元格中输入文本，如右下图所示。

Step 15 设置标题文本字体格式与对齐。选中标题所在单元格 A1，设置字体为黑体，字号为 18；选中 A1:H1 单元格区域，在"对齐方式"功能组中单击"合并后居中"按钮，如左下图所示。

Step 16 设置正文文本加粗和居中对齐。选中 A3:H17 单元格区域，在"对齐方式"功能组中单击"居中"按钮；选中 A3:H4 单元格区域，在"字体"功能组中单击"加粗"按钮 B，如右下图所示。

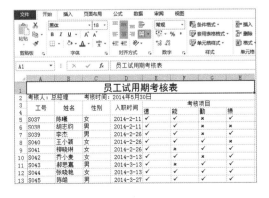

Step 17 为表格添加框线。选择表格正文所在单元格区域；在"开始"选项卡的"字体"功能组中单击"框线"下拉按钮，在弹出的下拉框线列表中选择"所有框线"命令，如左下图所示。

Step 18 输入备注信息文本。在 A19 单元格中输入备注文本信息，使用步骤 8、9 同样的方法插入特殊符号，效果如右下图所示。

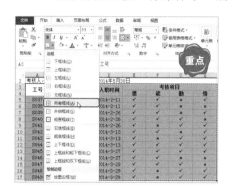 

案例 03 制作管理产品季度销售表

案例效果

制作分析

本例难易度	制作关键	技能与知识要点
★★☆☆☆	管理产品季度销售表，先确定各季度表数据的录入完整情况，然后将该工作簿中多余的工作表删除，调整各季度工作表存放顺序，再隐藏其他工作表，最后为各季度工作表标签设置颜色	◇ 新建工作表 ◇ 删除工作表 ◇ 移动工作表 ◇ 隐藏工作表 ◇ 设置工作表标签颜色

具体步骤

Step 01 添加新工作表并更改数据。单击 Sheet3 工作表，选中所需单元格区域，按【Ctrl+C】组合键复制内容，单击"新工作表"按钮⊕，如左下图所示。

Step 02 对工作表执行"重命名"命令。添加一张 Sheet6 新工作表，按【Ctrl+V】
组合键粘贴内容，并根据实际更改调整第 4 季度销售数据；右击 Sheet6
工作表，在弹出的快捷菜单中选择"重命名"命令，如右下图所示。

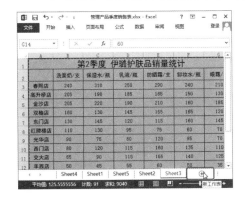

温馨小提示

　　如果已经在一张工作表中输入了数据，还要在其他工作表中输入相同数据，
可将数据快速填充。单击已输入数据的工作表标签，按住【Ctrl】键，再单击
要填充数据的工作表标签，在"开始"选项卡的"编辑"功能组中单击"填充"
下拉按钮　填充～，在弹出的下拉列表中选择"成组工作表"命令，打开"填充
成组工作表"对话框，选中"内容"单选按钮，单击"确定"按钮，即可将已
录入数据的工作表内容填充到目标工作表中。

　　右击某工作表标签，在弹出的快捷菜单中选择"插入"命令，打开"插入"
对话框，在"常用、电子表格方案、Charts"各选项卡中选择工作表，即可将其
插入之前的工作表前面。

Step 03 输入工作表新名称。此时，Sheet6 工作表名称处于可编辑状态，输入新
名称，如左下图所示。单击任意空白处，确认新名称。

Step 04 对工作表执行"删除"命令。使用同样的方法继续重新命名其他工作表，
右击 Sheet4 工作表，在弹出的快捷菜单中选择"删除"命令，如右下图所示。

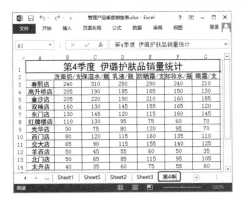

温馨小提示

如果要对多张工作表进行同样的操作，那么就需要同时选择多张工作表。按住【Ctrl】键，单击要选择的工作表标签，此时即可选中多张工作表，并在标题栏出现"工作组"字样 **工作簿1 [工作组] - Excel**。

Step 05 确认删除。在弹出的提示对话框中单击"删除"按钮，确认删除不需要的工作表，如左下图所示。

Step 06 执行"移动或复制"命令。右击需要调整顺序的工作表"第3季"，在弹出的快捷菜单中选择"移动或复制"命令，如右下图所示。

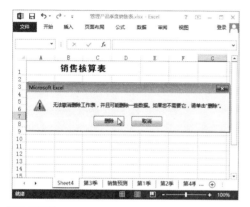
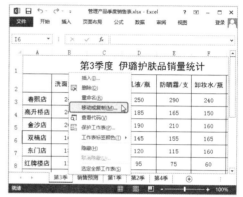

Step 07 选择工作表移动位置。在打开的对话框中选择移至某个工作簿，以及选择移到某张工作表之前，完成后单击"确定"按钮即可，如左下图所示。

Step 08 隐藏不同类工作表。右击"销售预测"工作表标签，在弹出的快捷菜单中选择"隐藏"命令，如右下图所示，即可将不同类的工作表进行隐藏。

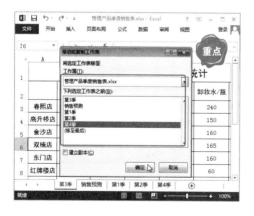
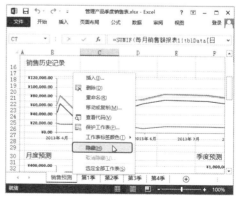

![温馨小提示]

使用移动工作表同样的方法打开"移动或复制工作表"对话框,选择所处位置后,勾选"建立副本"复选框,即可在目标位置处得出相同的工作表内容。

除上述方法外,直接拖动工作表标签也可以移动工作表,调整其位置。在拖动的过程中若按住【Ctrl】键,即可复制该工作表。

在某个工作簿中若需要将隐藏的工作表重新显示,只需在其中任意工作表标签处右击,在弹出的快捷菜单中选择"取消隐藏"命令,在弹出的对话框中选择需要显示的工作表即可。

Step 09 设置工作表标签颜色。右击工作表标签,在弹出的快捷菜单中选择"工作表标签颜色"命令,在打开的面板中选择所需标签颜色即可,如左下图所示。

Step 10 继续设置各工作表标签颜色。使用同样的方法继续为其他工作表标签设置颜色,如右下图所示。

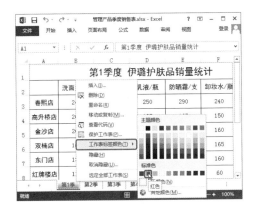

案例 04 制作员工档案表

案例效果

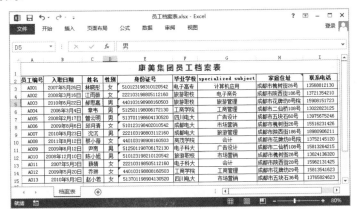

制作分析

本例难易度	制作关键	技能与知识要点
★★☆☆☆	制作员工档案表，首先录入文本信息，快速填充员工编号，设置日期格式，录入日期、地址、电话等，然后录入长数字身份证号，再进行拼写检查、信息检索、添加批注，最后设置密码保护工作簿	◇ 设置时间格式 ◇ 录入长数字 ◇ 拼写检查 ◇ 信息检索 ◇ 添加批注 ◇ 保护工作簿

具体步骤

Step 01 保存空白工作簿并录入文本。启动 Excel 2013，将空白工作簿保存为"员工档案表"；在工作表中输入表格标题及项目文本，输入第 1 个员工编号"A001"，将鼠标指针指向该单元格右下角，呈"+"形状时，向下拖动鼠标，自动递增填充数据，如左下图所示。

Step 02 设置时间格式。选中时间所在单元格区域；在"开始"选项卡的"数字"功能组中单击"对话框启动器"按钮，打开"设置单元格格式"对话框，在"数字"选项卡中选择"日期"选项，在右侧选择一种日期类型，单击"确定"按钮，如右下图所示。

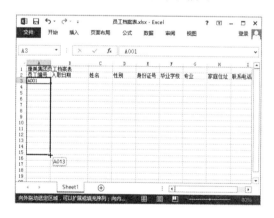

温馨小提示

　　用户也可以根据自己所需创建自定义填充序列。打开"Excel 选项"对话框，单击"高级"选项卡，在其右侧的"常规"选项中单击"编辑自定义列表"按钮，打开"自定义序列"对话框，选择"自定义序列"列表中的"新序列"选项，在"输入序列"列表框中输入序列组（如 2000 年～2020 年），输入完成后，单击"添加"按钮，再单击"确定"按钮即可。

Step 03 快速输入文本。输入各员工的入职日期、姓名；按住【Ctrl】键，在"性别"列中选中需要填充"女"的所有单元格，选中后输入"女"，如左下图所示。

Step 04 在多个不连续单元格中快速输入相同文本。按【Ctrl+Enter】组合键，即可快速在不连续的多个单元格中填充相同文本"女"，使用同样的方法，在多个需要输入文本"男"的单元格中输入"男"，如右下图所示。

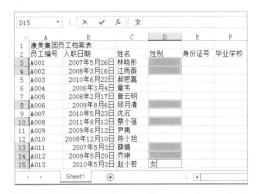

Step 05 输入长数字。输入超过 15 位的身份证数值，系统自动将 15 位以后的数值转换为 0，所以在输入长数字时，首先输入一个英文状态下的单引号"'"，然后输入数字即可，如左下图所示。

Step 06 从下拉列表中填充选择文本。在"专业"列中输入部分内容后，利用 Excel 会自动记忆该列字符式输入法功能，在同一数据列中快速填写重复录入项，选择要输入数据的单元格后，按【Alt】键＋向下方向键【↓】；在下拉列表中选择需要的选项，如右下图所示。

Step 07 完善档案表的录入。继续录入各员工的家庭住址、联系电话，如左下图所示。

Step 08 设置文本字体与对齐方式。在"字体"和"对齐方式"功能组中对表格的标题进行单元格合并、字符格式设置，对表格正文进行加粗、对齐设置，完成后效果如右下图所示。

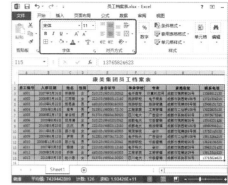

Step 09 拼写检查。按【Ctrl+A】组合键选中全部内容,单击"审阅"选项卡,单击"校对"功能组中的"拼写检查"按钮，自动检查表格中的内容,完成后弹出 Microsoft Excel 提示框,单击"确定"按钮完成操作,如左下图所示。

Step 10 执行"信息检索"。选中需要翻译的文本所在单元格,单击"审阅"选项卡,单击"校对"功能组中的"信息检索"按钮，在打开的窗格中选择"翻译为'英语'"选项,单击"开始搜索"按钮,如右下图所示。

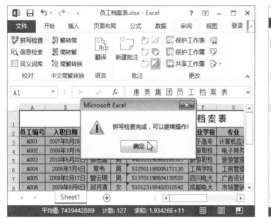

Step 11 完成检索。在"信息检索"的列表框中查看翻译为英语的内容,选中需要复制的内容,按【Ctrl+C】组合键复制;选中对应的 G2 单元格,按【Ctrl+V】组合键粘贴,检索"专业"的英文,并替换,关闭"信息检索"窗格,如左下图所示。

Step 12 添加批注。选择需要添加批注的 H2 单元格,单击"审阅"选项卡,单击"批注"功能组中的"新建批注"按钮,在打开的批注文本框中输入需要备注的信息,如右下图所示。

温馨小提示

如果不再需要工作表中的某个或某些批注时，选中该单元格后，在"审阅"选项卡的"批注"功能组中单击"删除"按钮 🗙 删除，即可删除选中单元格的批注。

选中批注框后右击，在弹出的快捷菜单中选择"删除批注"命令，同样也可以快速删除批注。

Step 13 冻结拆分窗格。选择第3行，单击"视图"选项卡"窗口"功能组中的"冻结窗格"下拉按钮 📊 冻结窗格▾，在弹出的下拉列表中选择"冻结拆分窗格"命令，如左下图所示，即可拖动滚动条向下查看数据，标题行不变。

Step 14 执行"保护工作簿"命令。单击"审阅"选项卡，单击"更改"功能组中的"保护工作簿"按钮 🔒 保护工作簿，如右下图所示。

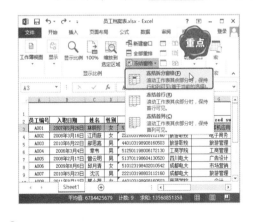
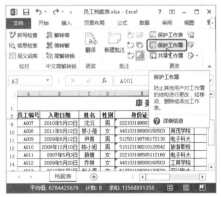

温馨小提示

如果要取消"冻结窗格"操作，在"窗口"功能组中单击"冻结窗格"下拉按钮，在弹出的下拉列表中选择"取消冻结窗格"命令即可。

Step 15 输入并确认保护密码。打开"保护结构和窗口"对话框，勾选"结构"复选框，输入密码，单击"确定"按钮，打开"确认密码"对话框；在"重新输入密码"文本框中输入密码，单击"确定"按钮，如左下图所示。

Step 16 完成工作簿保护。单击"文件"选项卡，在其"信息"面板中即可看到保护工作簿的效果，如右下图所示。

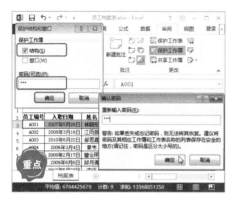
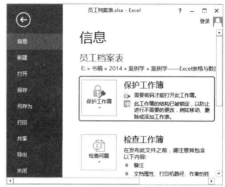

温馨小提示

　　在 Excel 中，如果允许多个用户对一个工作簿同时进行编辑，可将使用的工作簿设置为共享工作簿。单击"审阅"选项卡，在"更改"功能组中单击"共享工作簿"按钮，打开"共享工作簿"对话框，勾选"允许多用户同时编辑，同时允许工作簿合并"复选框，再单击"高级"选项卡，在其中进行共享工作簿的相关设置即可。

案例 05 制作差旅费报销凭证

案例效果

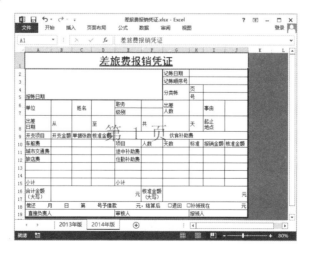

 **制作分析**

本例难易度	制作关键	技能与知识要点
★ ★ ★ ☆ ☆	本例制作差旅费报销凭证，先录入项目文本，添加表格框线，再根据项目所需合并单元格，然后调整单元格大小，插入特殊符号，最后替换文本，完善凭证	◇ 添加框线 ◇ 合并单元格 ◇ 设置行高 ◇ 插入特殊符号 ◇ 替换文本 ◇ 设置表格边框样式

具体步骤

Step 01 新建工作表。打开"差旅费报销凭证"工作簿，单击"2013年版"工作表右侧的"新工作表"图标⊕，添加一张工作表，并将其命名为"2014年版"，如左下图所示。

Step 02 依次录入表格文本。在各单元格依次录入"差旅费报销凭证"各文本内容，如右下图所示。

 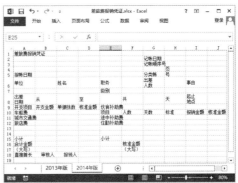

温馨小提示

其实日常工作中经常会遇到一些格式相同的工作簿，用户可以通过模板创建新的工作簿，新建的工作簿将与模板显示相同的样式。在Excel的启动界面中，单击所需的模板样式，在其右侧单击"创建"按钮，稍等片刻，下载完成即可。

Step 03 添加框线。选中凭证除首末两行的区域，在"开始"选项卡的"字体"功能组中单击"下框线"下拉按钮，在弹出的下拉列表中选择"所有框线"命令，如左下图所示。

Step 04 设置标题字体与对齐方式。选中标题行与正文列所对应的单元格区域，在"对齐方式"功能组中单击"合并后居中"按钮；在"字体"功能组中设置字体与字号，并单击"下画线"下拉按钮，在弹出的下拉列表中选择"双下画线"命令，如右下图所示。

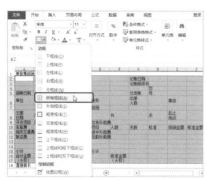 

Step 05 合并单元格。根据内容排列所需，依次将各处连续的几个单元格选中，在"对齐方式"功能组中单击"合并后居中"下拉按钮，在弹出的下拉列表中选择"合并单元格"命令，如左下图所示。

Step 06 取消多余单元格框线。选中左上角空白单元格区域，在"开始"选项卡的"字体"功能组中单击"下框线"下拉按钮，在弹出的下拉列表中选择"无框线"命令，如右下图所示。

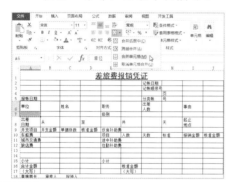 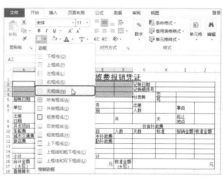

Step 07 统一调整行高。按住【Ctrl】键，选中不连续行，在"单元格"功能组中单击"格式"下拉按钮，在弹出的下拉列表中选择"行高"命令，在打开的"行高"对话框中输入数值，单击"确定"按钮，如左下图所示。使用同样的方法再次设置特殊行的行高值。

Step 08 插入行并输入文本。选中最末行，在"单元格"功能组中单击"插入"按钮，在其上方插入一行，并将可用区域合并，输入文本内容，如右下图所示。

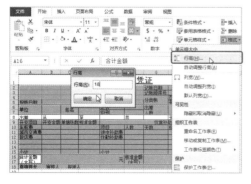 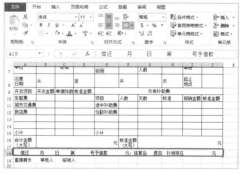

Step 09 打开"符号"对话框。单击光标定位至需要插入符号处，单击"插入"选项卡，在"符号"功能组中单击"符号"按钮 Ω符号，如左下图所示。

Step 10 插入符号。打开"符号"对话框，选择"字体"类型，如 Wingdings2；选中需要插入的符号，单击"插入"按钮，如右下图所示。

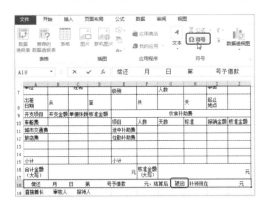
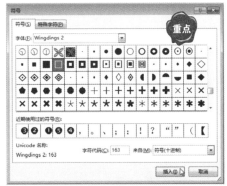

Step 11 插入特殊符号。继续在需要插入符号的文本前插入特殊符号，完成后单击"符号"对话框中的"关闭"按钮即可，如左下图所示。

Step 12 打开"查找和替换"对话框。在"开始"选项卡的"编辑"功能组中单击"查找和替换"下拉按钮，在弹出的下拉列表中选择"替换"命令，如右下图所示。

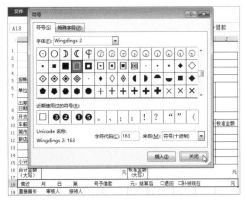
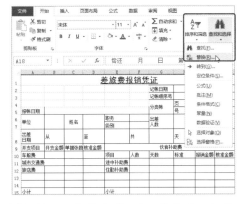

Step 13 替换文本。打开"查找和替换"对话框，输入"查找内容"和"替换为"内容，单击"全部替换"按钮，在弹出的提示框中单击"确定"按钮，确认替换，如左下图所示。

Step 14 打开"设置单元格格式"对话框。选中除标题外的表格内容，在"开始"选项卡的"字体"功能组中单击"下框线"下拉按钮，在弹出的下拉列表中选择"其他边框"命令，如右下图所示。

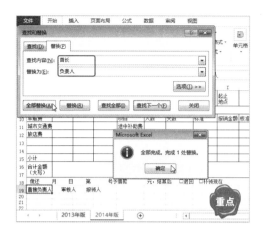 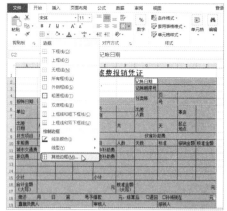

　　如果要查找具有特定格式的文本或数字，则在"查找和替换"对话框的"查找"选项卡中单击"格式"按钮，然后单击"查找格式"对话框中的"从单元格选择格式"按钮，选择要查找的单元格格式。

Step 15 设置表格框线。打开"设置单元格格式"对话框，选择线条样式，单击"预置"选项下的"外边框"图标，单击"确定"按钮，如左下图所示。

Step 16 调整边框样式。根据表格外边框调整线条粗细，完成后如右下图所示。

 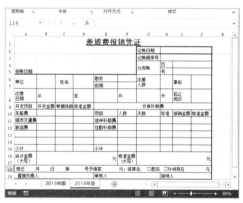

Step 17 取消网格线的显示。单击"视图"选项卡，在"显示"功能组中取消勾选"网格线"复选框，即可取消网格线的显示，如左下图所示。

Step 18 分页预览。单击下方视图栏中的"分页预览"图标，预览效果，如右下图所示。

在 Excel 中，可将工作表的单元格格式、图表、数据透视图及公式等保存为模板。在要保存为模板的工作簿中，打开"文件"菜单，执行"另存为"命令，打开"另存为"对话框，在"文件名"文本框中输入模板名称，单击"保存类型"右侧的下拉按钮，在弹出的下拉列表中选择"Excel 模板"选项，单击"保存"按钮即可。

本章小结

本章从认识 Excel、初次接触开始，介绍了对工作簿的创建、工作表的添加与命名，以及文本的常规录入、数字的录入技巧等。通过本章案例练习，相信读者已经掌握了表格编辑与制作方面的相关基础知识。空闲时间读者可以多了解案例的制作思路与技能，以便灵活应用于实际工作中。

CHAPTER

02

制作图文表格
——为表格添加样式与对象

■ **本章导读**

在 Excel 中输入数据后，为了使表格标题更加醒目，数据表现得更加形象，可以自定义设置表格样式、套用内置样式，以及添加艺术字、图片和图形等对象。本章主要介绍美化表格样式、使用对象提升表格的相关知识。

■ **案例展示**

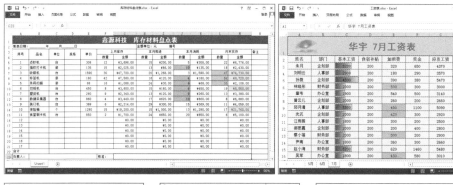

2.1　知识链接——表格样式与图像的相关知识

▶ 表格不止是表现数据的方式，表格的视觉提升也是同等重要的，一个好的表格不仅能突出显示重要的数据信息，更重要的是有助于数据的收集与整理。

主题 01　表格样式的选择

在表格中内置实用的数据后，我们还是别忘了给"他"穿上一件华丽的外衣，让人们在惊叹"它"的内在价值时，也忍不住夸夸形象。

装饰外表，我们首先想到的就是 Excel 内置的表格样式。当然，方便实用的首选就是它，其次是读者根据自己当前表格情况设置表格样式。

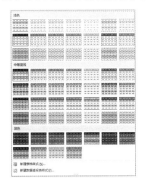
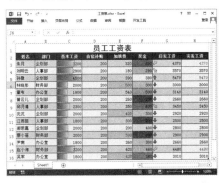

主题 02　Excel 中对象的使用

"一图胜过千言万语"，这是对图片具有不可替代的作用的一个概括。现代人都喜欢简单、直白、明了地传达各种意思。图片正好能弥补文本的局限，将要传达的信息直接展示在观众面前，不需要观众进行太多思考。

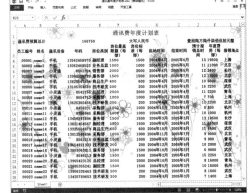

温馨小提示

在使用图片作为工作表背景时，切记不能使用颜色深暗、景物复杂的图片，因为这样会影响到工作表中数据的显示。

主题03 高大上的表格得讲究颜色搭配

我们在制作与使用 Excel 表格的过程中，最深刻的印象就是它的高效智能。然而却常常忽略它的外在形象。那么，这个问题到底严不严重呢？Excel 表格制作到底是彩色的好还是非彩色的好呢？

事实上，专家研究表明，彩色的记忆效果是黑白的 3.5 倍。也就是说，在一般情况下，彩色表格比黑白表格更加吸引人。下面简单介绍色彩的基本知识与搭配技巧。

1．色彩的基本知识

颜色是因为光的折射而产生的。红、黄、蓝是三原色，其他的色彩都可以用这三种色彩调和而成。Excel 的色彩表达即是用这三种颜色的数值表示。

颜色分为非彩色和彩色两类。非彩色是指黑、白、灰系统色。彩色是指除了非彩色以外的所有色彩。任何色彩都有饱和度和透明度的属性，属性的变化产生不同的色相，所以至少可以制作几百万种色彩。

2．色彩的搭配

我们将色彩按"红—黄—绿—蓝—红"依次过渡渐变，即可得到一个色彩环。所以，色彩的选择也是千变万化。搭配，是 Excel 讲究的重点。我们需要进一步了解。

Excel 表格色彩搭配的原理：色彩的鲜明性、色彩的独特性、色彩的合适性、色彩的联想性。

Excel 表格色彩搭配的技巧：用一种色彩，这里是指先选定一种色彩，然后调整透明度或者饱和度（通俗地说就是将色彩变淡或者加深），产生新的色彩，这样的页面看起来色彩统一，有层次感；用两种色彩，是指先选定一种色彩，然后选择它的对比色，整个页面色彩丰富但不花哨；用一个色系，简单地说就是用一个感觉的色彩，例如，淡蓝色、淡黄色、淡绿色，或者土黄色、土灰色、土蓝色；用黑色和一种彩色，比如大红的字体配黑色的边框感觉很"跳"。

在 Excel 表格配色中，一定谨记不要将所有颜色都用到，尽量控制在三种色彩以内；背景和前文的对比尽量要明显。

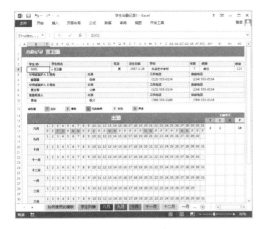

 温馨小提示

　　每一种色彩都有着各自的象征，所以我们在 Excel 表格中选择颜色时，可以参考这一点，制作出更适宜的彩色表格。

　　红色——热情、活泼、热闹、革命、温暖、幸福、吉祥、危险；橙色——光明、华丽、兴奋、甜蜜、快乐；黄色——明朗、愉快、高贵、希望、发展、注意；绿色——新鲜、平静、安逸、和平、柔和、青春、安全、理想；蓝色——深远、永恒、沉静、理智、诚实、寒冷；紫色——优雅、高贵、魅力、自傲、轻率；白色——纯洁、纯真、朴素、神圣、明快、柔弱、虚无；灰色——谦虚、平凡、沉默、中庸、寂寞、忧郁、消极；黑色——崇高、严肃、刚健、坚实、粗莽、沉默、黑暗、罪恶、恐怖、绝望、死亡。

2.2 同步训练——实战应用成高手

▶　Excel 表格样式繁多，不仅有内置的，还可以根据自己所需重新设置。再添加一些图形、艺术字等，使表格更清晰明了。下面给读者介绍一些为表格设置样式与添加对象的常用技巧，希望读者能跟着我们的讲解，一步一步地做出与书同步的效果。

学习资料

　　为了方便学习，本节相关实例的素材文件、结果文件，以及同步教学文件可以在配套的光盘中查找，具体内容路径如下。

| 原始素材文件：光盘\素材文件\第 2 章\同步训练\ |
| 最终结果文件：光盘\结果文件\第 2 章\同步训练\ |
| 同步教学文件：光盘\多媒体教学文件\第 2 章\同步训练\ |

案例 01 制作库存材料盘点表

案例效果

制作分析

本例难易度	制作关键	技能与知识要点
★ ☆ ☆ ☆ ☆	库存材料盘点表主要是针对公司目前所有的产品进行清查得出数据，然后根据数据对产品进行分析。本例先录入盘点表文本与数据，设置金额数值为货币样式，然后设置表格标题样式，接着为表格添加框线，调整行高与列宽，标记超额数据，最后突出显示重复数据值，标记出高于平均值的数据	◈ 设置数据为"货币"样式 ◈ 添加表格边框 ◈ 合并单元格 ◈ 调整行高与列宽 ◈ 标记超额数据 ◈ 突出显示重复值 ◈ 标识高于平均值的数据

具体步骤

Step 01 保存空白工作簿并录入文本。启动 Excel 2013，新建空白工作簿，将空白工作簿保存为"库存材料盘点表"，并在工作表中输入标题文本，如左下图所示。

Step 02 录入盘点表所有文本信息。继续在工作表中录入"库存材料盘点表"的所有文本信息与数据资料，如右下图所示。

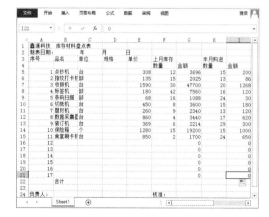

Step 03 设置"金额"数据为货币样式。选中所有"金额"数字单元格,在"开始"选项卡的"数字"功能组中单击"常规"下拉按钮 常规 ▾ ,在弹出的下拉列表中选择"货币"样式,如左下图所示。

Step 04 设置标题样式。选中标题对应列的单元格,在"对齐方式"功能组中单击"对齐居中"按钮,在"字体"功能组中设置字体为"黑体",字号为"20",并将文本加粗,设置填充色为"绿色",字体颜色为"白色",如右下图所示。

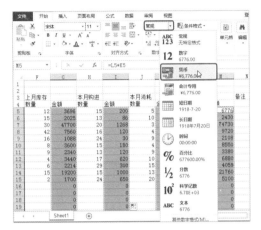
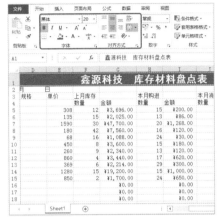

Step 05 合并单元格。根据盘点表内容安排所需,合并各相邻单元格,如左下图所示。

Step 06 添加框线。选中除标题外的所有文本所在单元格,在"字体"功能组中单击"边框"下拉按钮 ▾ ,在弹出的下拉列表中选择"所有框线"命令,如右下图所示。

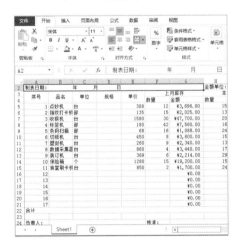
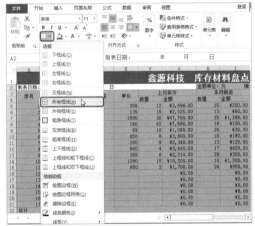

温馨小提示

若需要删除某单元格或单元格区域的框线,只需将其选中,然后单击"边框"下拉按钮 ▾ ,在弹出的下拉列表中选择"无框线"命令 无框线(N) 即可。

Step 07 自动调整列宽。选中未显示完整的"品名"列，在"单元格"功能组中单击
"格式"下拉按钮 格式▾，在弹出的下拉列表中选择"自动调整列宽"命令，
如左下图所示。

Step 08 手动调整行高。选中 A2:A24 单元格区域，将鼠标指针指向行的前端，在
行与行间的网格线处呈"+"形状时，拖动鼠标调整行高，如右下图所示。

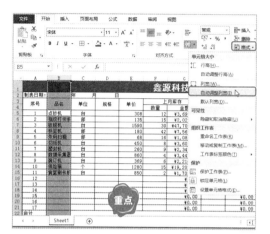 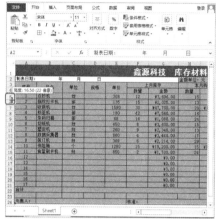

温馨小提示

在 Excel 2013 中，可以将暂时不用的行或列隐藏，以方便查找数据，需要
时再显示出来即可。选择需要隐藏的行或列，在"单元格"功能组中单击"格式"
下拉按钮 格式▾，在弹出的下拉列表中选择"隐藏和取消隐藏"命令，在弹出的
下一级菜单中选择"隐藏行 / 隐藏列"命令即可。

Step 09 删除空白行。选中第 23 行，右击，在弹出的快捷菜单中选择"删除"命令，
如左下图所示，删除该空白行。

Step 10 为年月日添加下画线。选择"制表日期"处"年"前面的占位符，在"字
体"功能组中单击"下画线"按钮 U，继续为"月"、"日"前面的占位
符添加下画线，如右下图所示。

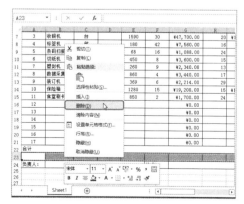 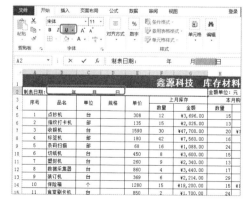

温馨小提示

下画线有"下画线"和"双下画线"两种类型,如果设置双下画线时单击"下画线"右侧的下拉按钮 U ·,即可选择双下画线。

Step 11 标记超额数据。选中"月末实存"栏中"金额"数据区域,在"样式"功能组中单击"条件格式"下拉按钮 条件格式·,在弹出的下拉列表中选择"突出显示单元格规则"命令,在弹出的下一级菜单中选择"大于"命令,如左下图所示。

Step 12 设置超额标准及显示样式。在弹出的"大于"对话框中设置标准数值为"8 000",单击"设置为"下拉按钮,选择显示样式为"绿填充色深绿色文本",单击"确定"按钮,如右下图所示。

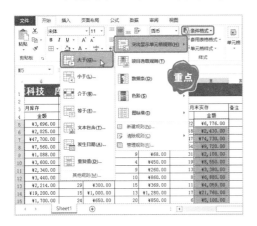

温馨小提示

如果 Excel 提供的格式规则不满足于所用,可以单击"条件格式"下拉按钮 条件格式·,在弹出的下拉列表中选择"新建规则"命令,在打开的"新建格式规则"对话框中重新设置规则即可。

Step 13 突出显示销量重复值。选中"本月消耗"栏中"数量"数据区域,在"样式"功能组中单击"条件格式"下拉按钮 条件格式·,在弹出的下拉列表中选择"突出显示单元格规则"命令,在弹出的下一级菜单中选择"重复值"命令,如左下图所示。

Step 14 设置重复值样式。打开"重复值"对话框,单击"设置为"下拉按钮;在弹出的下拉列表中选择"自定义格式"命令,如右下图所示。

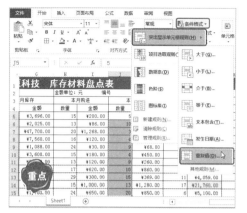

Step15 选择单元格填充颜色。打开"设置单元格格式"对话框，在"填充"选项卡中选择一种填充颜色，如"灰色"，单击"确定"按钮，如左下图所示。

Step 16 确定设置的单元格格式。返回"重复值"对话框，单击"确定"按钮，如右下图所示，即可将格式设置为自定义填充色。

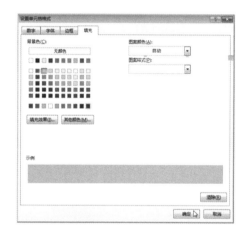

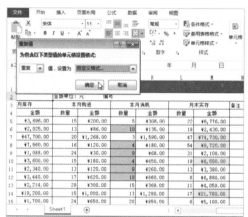

温馨小提示

在"设置单元格格式"对话框的"填充"选项卡中，还可以在右侧设置填充图案的颜色与样式。

Step 17 标识库存数量高于平均值的单元格。选中"月末实存"栏中"数量"数据区域，在"样式"功能组中单击"条件格式"下拉按钮 条件格式▾ ，在弹出的下拉列表中选择"项目选取规则"命令，在弹出的下一级菜单中选择"高于平均值"命令，如左下图所示。

Step 18 设置高于平均值单元格的样式。打开"高于平均值"对话框，单击"设置为"下拉按钮，选择格式为"浅红填充色深红色文本"，单击"确定"按钮，如右下图所示。

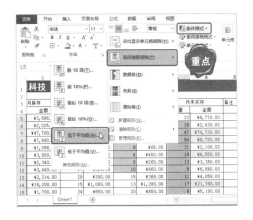
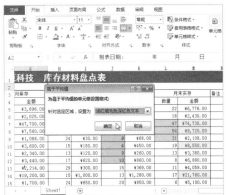

案例 02　制作活动道具采购清单

案例效果

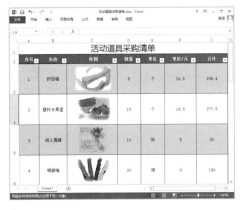
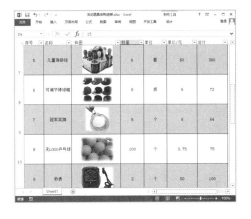

制作分析

本例难易度	制作关键	技能与知识要点
★★☆☆☆	采购是大多数单位都会有的工作，通常财务会根据当前所需物件拟出清单，并配上样图，让采购员完成采购工作。本例先录入采购清单内容，并为清单套用表格样式，然后设置标题样式，接着插入样图、调整图片大小与位置、应用图表样式、复制图片样式，最后更改表格标题栏填充色，完成清单表的制作	◇ 应用表格样式 ◇ 插入图片 ◇ 调整图片大小与位置 ◇ 设置图片样式 ◇ 复制图片样式 ◇ 更改表格样式 ◇ 拖动填充数据列

具体步骤

Step 01 录入采购清单内容。将空白工作簿保存为"活动道具采购清单"，录入清单文本与数据内容，如左下图所示。

Step 02 为清单套用表格样式。选中除标题外的文本内容，在"样式"功能组中

单击 "套用表格格式" 下拉按钮 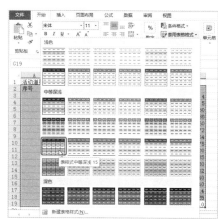，在弹出的下拉列表中选择一种样式效果，如右下图所示。

如果 Excel 的内置表格格式规则不满足于所用，用户可以打开 "套用表格样式" 下拉列表，选择 "新建表样式" 命令，在打开的 "新建表样式" 对话框中根据自己所需设置表格样式，并方便以后长期使用该样式。

Step 03 确定表数据来源。打开 "套用表格式" 对话框,确定是虚线框内的内容后,单击 "确定" 按钮,如左下图所示。

Step 04 自定义调整列宽。选中 "名称" 列，将鼠标指针指向列的上方，在列与列间的网格线处呈 "➕" 形状时，拖动鼠标调整列宽，如右下图所示。

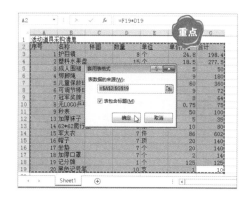
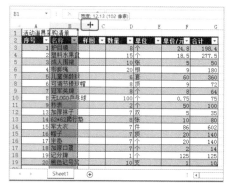

利用 Excel 2013 自带的表格样式美化工作表时，之前对单元格所做的所有美化操作将会全部撤销，并应用当前所选的格式。建议套用格式时应以表格的结构为基准，这样美化效果会更好。

Step 05 设置标题与文本对齐样式。将标题单元格合并，并设置其字体格式与对齐方式，设置除"名称"列的文本对齐方式为"居中" ，如左下图所示。

Step 06 调整行高。选中第 3 ~ 19 行；在"单元格"功能组中单击"格式"下拉按钮 ，在弹出的下拉列表中选择"行高"命令，在弹出的"行高"对话框中输入行高值，单击"确定"按钮，如右下图所示。

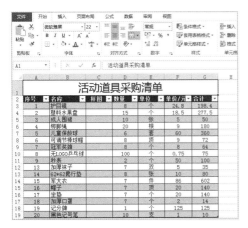
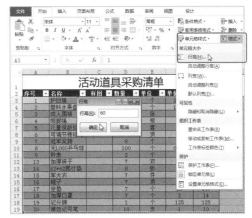

Step 07 打开"插入图片"对话框。单击"插入"选项卡，在"插图"功能组中单击"图片"按钮 ，如左下图所示。

Step 08 插入所需图片。打开"插入图片"对话框，选择需要插入表格中的图片，单击"插入"按钮，如右下图所示。

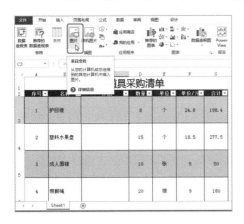
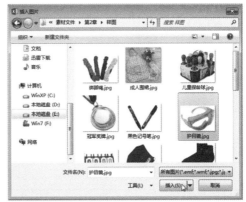

温馨小提示

在"插图"功能组中单击"屏幕截图"下拉按钮，在弹出的下拉列表中选择可用视窗或屏幕剪辑，屏幕剪辑可以使用拖动的方法截取需要的部分图片，截图完成后程序同样会将截取的画面插入文档中。

Step 09 调整图片大小。可将该图片插入工作表中，将鼠标指针指向图片对角处呈"↖"形状时，按住鼠标左键拖动鼠标调整大小，此时图标变为"十"，如左下图所示。

Step 10 调整图片位置。指向图片任意位置，当鼠标指针呈"♦"形状时，拖动鼠标调整图片在工作表中的位置，如右下图所示。

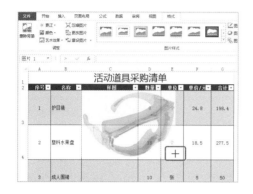 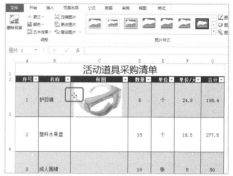

温馨小提示

　　如果插入的图片背景中有较多的空白区域或者只要图片中的某一部分时，可以用裁剪方法对图片进行剪辑操作。

　　选择需要裁剪的图片，单击"格式"选项卡，在"大小"功能组中单击"裁剪"按钮，将鼠标指针移至要裁剪的图片控制点上，呈"┘"形状时，按住鼠标左键拖动裁剪控制柄拖至要删除的位置，裁剪完图片后，将鼠标指针移至表格任意点单击即可。

Step 11 应用图片样式。使用同样的方法继续插入其他样图，选中第一张样图，选择"格式"选项卡，在"图片样式"功能组中单击"其他"按钮，在弹出的下拉列表中选择所需样式，如左下图所示。

Step 12 复制图片样式至第二张图片。选中第一张图片后，单击"开始"选项卡，在"剪贴板"功能组中单击两次"格式刷"按钮，此时鼠标指针呈"♦"形状，直接单击第二张图片，如右下图所示。

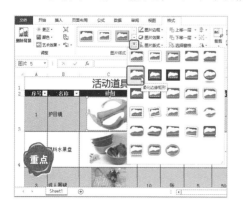 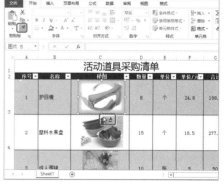

温馨小提示

在编辑图片的过程中，有时也会需要旋转图片。选中图片后，将鼠标指针指向图片上方的旋转标识，当鼠标当指针呈形状时，向左、右拖动鼠标调整图片角度；也可以选中图片后在"排列"功能组中单击"旋转"下拉按钮，在弹出的下拉列表中选择精确的角度值。

Step 13 继续复制图片样式至其他图片。继续依次单击其他图片，如左下图所示。使所有图片都应用第一张图片样式。

Step 14 更改错误的序号数。选中"序号"列中"1"、"2"所在单元格，在右下角处拖动鼠标，如右下图所示，即可更改原本错误的序号数值。

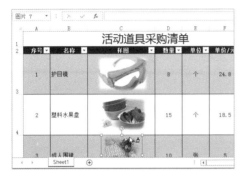
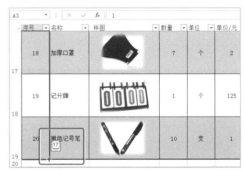

Step 15 为标题行更改填充色。选中标题行单元格，在"字体"功能组中单击"填充颜色"下拉按钮，在弹出的下拉列表中选择一种填充颜色，如左下图所示。

Step 16 显示更改后的填充色。即可替换标题行的填充色，效果如右下图所示。

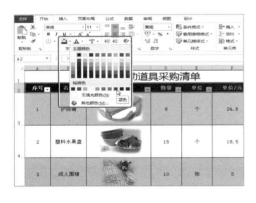
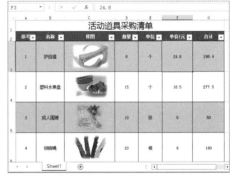

温馨小提示

在需修改的表格样式上右击，然后在弹出的快捷菜单中选择"修改"命令，打开"样式"对话框，通过该对话框便可对当前样式的边框、字体、对齐以及填充等进行修改。

案例 03 制作产品销售渠道图

案例效果

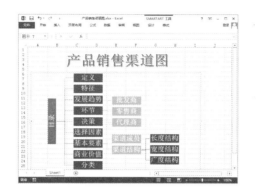

制作分析

本例难易度	制作关键	技能与知识要点
★★☆☆☆	产品从生产者到消费者转移的过程中，渠道成员之间会发生各种各样的业务联系，这些业务联系构成了渠道流程，在工作中有着广泛的应用。本例先选择一种艺术字样式，并输入艺术字文本作为标题，然后插入 SmartArt 图形，删除多余的图形，再根据需要升级、添加图形，最后更改 SmartArt 图形颜色与外观样式	◇ 创建艺术字 ◇ 调整艺术字大小与位置 ◇ 插入 SmartArt 图形 ◇ 删除与添加图形 ◇ 升级图形 ◇ 设置 SmartArt 图形颜色与外观样式

具体步骤

Step 01 选择艺术字样式。单击"插入"选项卡，在"文本"功能组中单击"艺术字"下拉按钮 **４艺术字▾**，在弹出的下拉列表中选择一种艺术字样式，如左下图所示。

Step 02 输入艺术字文本。弹出所选样式的艺术字文本框，输入文本内容，如右下图所示。

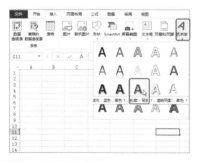 

Step 03 调整艺术字字号。选择艺术字标题所在文本框，在"字体"功能组中单击"字号"下拉按钮，在弹出的下拉列表中选择"40"字号，将字号调小，如左下图所示。

Step 04 执行插入 SmartArt 图形命令。拖动艺术字文本框，调整其位置，单击"插入"选项卡，在"插图"功能组中单击 SmartArt 按钮 **SmartArt**，如右下图所示。

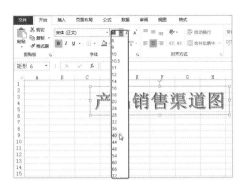 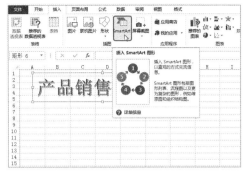

Step 05 选择 SmartArt 图形子类型。弹出"选择 SmartArt 图形"对话框,在左侧选择"层次结构"选项,在右侧选择一种子样式,单击"确定"按钮,如左下图所示。

Step 06 删除多余的图形。即可插入层次结构图形,单击左侧"◀"按钮,在打开的窗格中依次输入"目录"、"定义",再连续按两次【Delete】键,删除三个图形,如右下图所示。

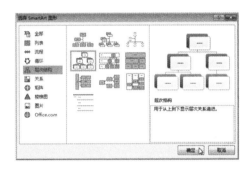 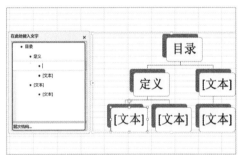

温馨小提示

　　选中需要删除的某个子图形后,按【Delete】键,同样也可以快速将其删除。

Step 07 输入文本"特征"。在最后一个图形中输入文本"特征",如左下图所示。

Step 08 升级"特征"图形。选中"特征"图形,单击"设计"选项卡,在"创建图形"功能组中单击"升级"按钮 ← 升级 ,将其升级至与"定义"同级,如右下图所示。

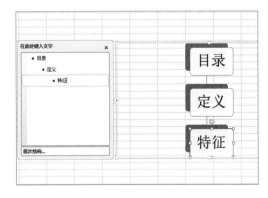 

温馨小提示

对 SmartArt 图形进行操作时，需要注意所选择的对象。若选择的是整个 SmartArt 图形，则所做的操作将作用于整个 SmartArt 图形；若只想对其中某个图形进行操作，则需在操作前先选择该图形。

Step 09 继续添加图形并录入文本。按【Enter】键，添加图形并录入文本，依次添加所需图形，如左下图所示。

Step 10 调整图形在工作表中的位置。拖动 SmartArt 图形外边框，调整其大小，并拖动鼠标，移动位置，如右下图所示。

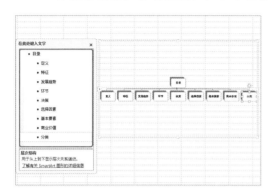
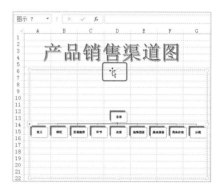

Step 11 执行"在下方添加形状"命令。选中"环节"图形，单击"设计"选项卡，在"创建图形"功能组中单击"添加形状"下拉按钮，在弹出的下拉列表中选择"在下方添加形状"命令，如左下图所示。

Step 12 执行"添加形状"命令。即可在选中的图形下方添加一个图形，选中新添加的图形，连续两次单击"添加形状"按钮，即可迅速添加两个同等级的图形，如右下图所示。

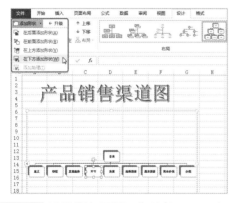
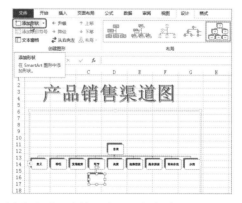

Step 13 继续添加图形。使用第 11、12 步同样的方法，继续添加图形，如左下图所示。

Step 14 在添加的图形中录入文本。在新添加的各个图形中依次输入文本，在 SmartArt 图形外边框处拖动鼠标调整大小，如右下图所示。

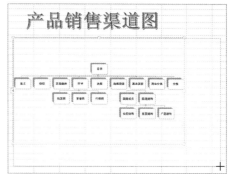

温馨小提示

　　为了使 SmartArt 图形中的文字内容更加易读，可以为图形中的文字设置样式。选择需要文本的图形，单击"设计"选项卡，在"艺术字样式"功能组中可以根据自己所需设置艺术字填充色、轮廓色以及阴影等。

Step 15 更改 SmartArt 图形颜色。单击 SmartArt 图形外边框，将其选中，单击"SMARTART 工具 - 设计"选项卡，在"SmartArt 样式"功能组中单击"更改颜色"下拉按钮，在弹出的下拉列表中选择所需的颜色，如左下图所示。

Step 16 更改 SmartArt 图形外观样式。单击 SmartArt 图形外边框，将其选中，单击"设计"选项卡，在"布局"功能组中单击"其他"按钮▼，在弹出的下拉列表中选择所需的样式，如右下图所示。

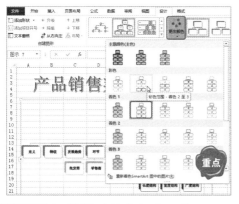
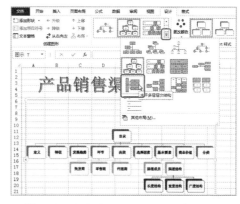

Step 17 调整图形填充颜色。按住【Shift】键，依次选中需要调整颜色的图形，单击"SMARTART 工具 - 格式"选项卡，在"形状样式"功能组中单击"形状填充"下拉按钮 形状填充▼，在弹出的下拉列表中选择所需的填充颜色即可，如左下图所示。

Step 18 调整图形间距。选中"目录"图形，指针呈"⬚"形状时，拖动鼠标调整其位置，如右下图所示。

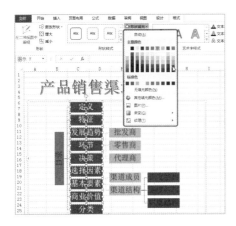
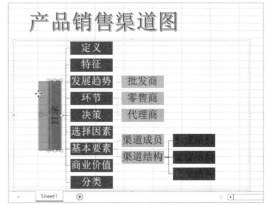

温馨小提示

　　有时，如果当前制作的工作表太过单一，可以设置工作表背景，丰富内容。单击"页面布局"选项卡，在"页面设置"功能组中单击"背景"按钮 📖背景，打开"工作表背景"对话框，选择需要作为背景的图片，单击"插入"按钮即可。

案例 04 制作产品价目表

案例效果

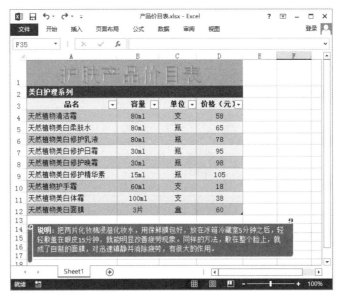

 **制作分析**

本例难易度	制作关键	技能与知识要点
★ ★ ☆ ☆ ☆	很多时候为了可以更好地推销产品，首先需要制作一份清晰的价目表，让消费者一目了然。本例先录入价目表相关文本与数据，然后插入艺术字标题，并设置标题三维样式，再套用表格样式，最后插入文本框，单独添加产品说明，并设置文本框样式	◇ 插入艺术字 ◇ 设置艺术字效果 ◇ 应用表格样式 ◇ 插入文本框 ◇ 更改文本框形状 ◇ 设置文本框样式

具体步骤

Step 01 复制 Word 文档中的源数据。为了方便省时，可以直接复制其他文件中的源数据。在 Word 文档"产品价格"中复制"产品价目表"所需的文本内容与数据，在"剪贴板"功能组中单击"复制" 按钮，关闭该文档，如左下图所示。

Step 02 在 Excel 中匹配目标格式粘贴数据。新建空白 Excel 工作簿，将空白工作簿重命名为"产品价目表"，在"剪贴板"功能组中单击"粘贴"下拉按钮，在弹出的下拉列表中单击"匹配目标格式"按钮 ，如右下图所示。

温馨小提示

　　在 Word 中复制文本数据后，在 Excel 中打开"粘贴"下拉列表，选择"选择性粘贴"命令，打开"选择性粘贴"对话框，在"方式"列表框中可以根据需要选择粘贴形式，如图片、文本等。

Step 03 手动调整列宽。选中"品名"列，当鼠标指针呈"＋"形状时，拖动鼠标调整列宽，如左下图所示。

Step 04 调整所有行高。选中所有文本所在行，当鼠标指针在行前呈"＋"形状时，向下拖动鼠标调整行高，如右下图所示。

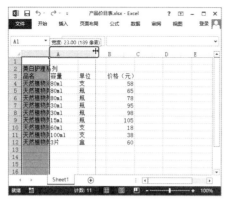

Step 05 选择艺术字样式。单击"插入"选项卡,在"文本"功能组中单击"艺术字"下拉按钮,在弹出的下拉列表中选择一种艺术字样式,如左下图所示。

Step 06 输入艺术字标题。输入艺术字文本内容"护肤产品价目表",如右下图所示。

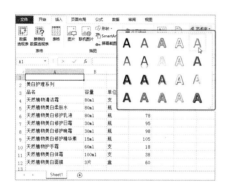
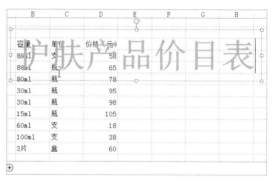

Step 07 填充标题所在单元格。选中标题行用于存放标题的 4 个单元格,在"字体"功能组中单击"填充颜色"下拉按钮 ,在弹出的下拉列表中选择一种填充颜色,如左下图所示。

Step 08 调整艺术字标题大小与位置。将鼠标指向艺术字标题外边框对角线处,当鼠标指针呈"⬃"形状时,拖动鼠标,调整大小;在边框任意位置处,当鼠标指针呈"✣"形状时,拖动鼠标调整位置,如右下图所示。

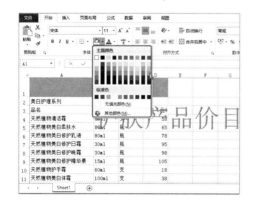

Step 09 设置艺术字标题样式。选择艺术字标题文本框,单击"格式"选项卡,在"艺术字样式"功能组中单击"文字效果"下拉按钮 A▾,在弹出的下拉列表中选择一种样式,如左下图所示。

Step 10 设置副标题样式。选中副标题对应的单元格,设置字体格式与对齐方式,如右下图所示。

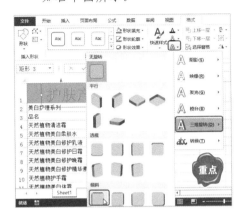 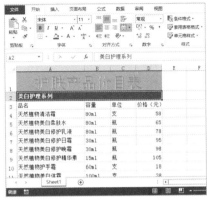

👨 温馨小提示

　　有时为了达到表格整体效果,可以将艺术字设置为字中带图的效果。选中艺术字所在文本框,单击"格式"选项卡,在"艺术字样式"功能组中单击"文本填充"下拉按钮 A 文本填充▾,在弹出的下拉列表中选择"图片"命令,打开"插入图片"对话框,选择需要置于文字内的图片,单击"插入"按钮即可。

Step 11 选择表格样式。选中价目表中的正文单元格区域;在"样式"功能组中单击"套用表格格式"下拉按钮 📋 套用表格格式▾,在弹出的下拉列表中选择一种表格样式,如左下图所示。

Step 12 确定表格样式应用区域。打开"套用表格格式"对话框,并自动将选中的单元格选中,确定单元格区域无误后,直接单击"确定"按钮,如右下图所示,即可应用选中的表格样式。

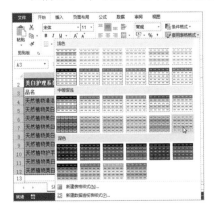 

Step 13 设置部分文本居中对齐。选中需要设置对齐方式的文本所在单元格,在"对齐方式"功能组中单击"居中"按钮 ≡,如左下图所示。

Step 14 执行"横排文本框"命令。单击"插入"选项卡,在"文本"功能组中单击"文本框"下拉按钮,在弹出的下拉列表中选择"横排文本框"命令,如右下图所示。

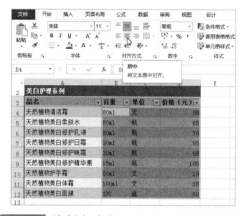

Step 15 绘制文本框。此时,鼠标指针呈"**+**"形状,单击拖动鼠标绘制文本框,如左下图所示。

Step 16 在文本框中输入文本内容。在文本框中输入所需的"说明"文本,并设置字体样式,如右下图所示。

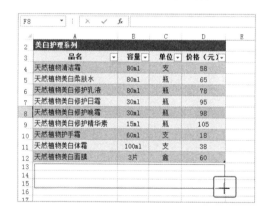
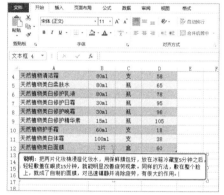

温馨小提示

单击"插入"选项卡,在"插图"功能组中单击"形状"下拉按钮,在弹出的形状列表中选择一种形状样式,拖动鼠标绘制出形状后,右击,在弹出的快捷菜单中选择"编辑文字"命令,同样也可以达到在文本框中输入文字的效果。

Step 17 设置文本框形状样式。选中文本框,在"形状样式"功能组中单击"其他"按钮,在弹出的下拉列表中选择一种样式,如左下图所示。

Step 18 更改文本框形状。选中文本框，在"插入形状"功能组中单击"编辑形状"下拉按钮，在弹出的下拉列表中选择"更改形状"命令，在弹出的下一级菜单中选择所需的形状样式，如右下图所示。

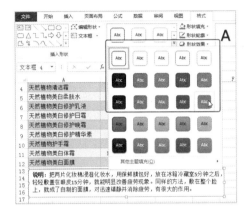
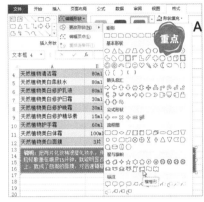

Step 19 得到文本框新样式。此时，即可显示更改后的文本框样式，如下图所示。

温馨小提示

如果遇到有文本框与表格中的内容重叠时，可以选中文本框，然后在"格式"选项卡的"排列"功能组中单击"上移一层"按钮 上移一层 或"下移一层"按钮 下移一层，调整其叠放顺序。

案例 05 制作工资表

案例效果

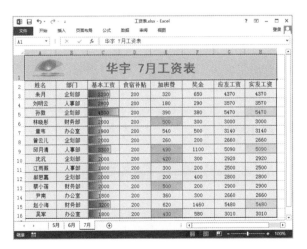

制作分析

本例难易度	制作关键	技能与知识要点
★ ★ ★ ☆ ☆	在数据表中，可以通过一定的规则来突出显示单元格，从而使表格的数据显示更清晰，数据之间的关系也能更直观地体现。本例的工资表，首先突出显示条件值，然后添加数据条，并选择样式，接着为表格添加边框与底纹，最后插入公司 Logo 图片，并调整图片大小与位置，删除图片背景，设置图片艺术效果	◈ 突出显示条件值 ◈ 设置数据条样式 ◈ 设置表格边框与底纹 ◈ 插入图片 ◈ 调整图片大小 ◈ 删除图片背景 ◈ 调整图片位置 ◈ 设置图片艺术效果

具体步骤

Step 01 录入工资表文本与数据。打开"工资表"工作簿，单击新工作表按钮，添加一张工作表，并将其命名为"7月"，录入 7 月工资表文本与数据，如左下图所示。

Step 02 执行"介于"命令。选择单元格区域，单击"条件格式"下拉按钮，在打开的下拉列表中选择"突出显示单元格规则"命令，在弹出的下一级菜单中选择"介于"命令，如右下图所示。

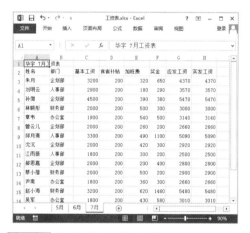 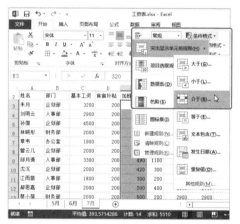

Step 03 设置"介于"条件。打开"介于"对话框，在"介于"数值框中输入数值，单击"设置为"下拉按钮，选择设置的格式为"浅红填充色深红色文本"选项，单击"确定"按钮，如左下图所示。

Step 04 执行值最大的 10 项命令。选择单元格区域，单击"条件格式"下拉按钮，在打开的下拉列表中选择"项目选取规则"命令，在弹出的下一级列表中选择"前 10 项"命令，如右下图所示。

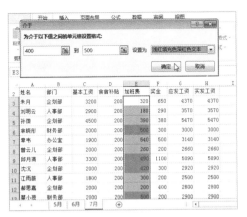 

Step 05 设置条件格式。打开"前 10 项"对话框,设置项目个数为 3,单击"设置为"
下拉按钮,选择设置的格式为"黄填充色深绿色文本"选项,单击"确定"
按钮,如左下图所示。

Step 06 选择渐变填充数据条。选择单元格区域,单击"条件格式"下拉按钮,
在弹出的下拉列表中选择"数据条"命令,在弹出的下一级列表中选
择"浅蓝色数据条"命令,如右下图所示。

 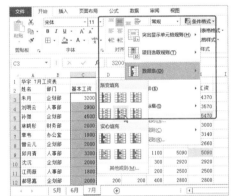

Step 07 执行"其他边框"命令。此时,即可使用数据条查看数据。选中需要添
加框线的表格区域,在"字体"功能组中单击"边框"下拉按钮,在
弹出的下拉列表中选择"其他边框"命令,如左下图所示。

Step 08 设置边框线条样式与颜色。打开"设置单元格格式"对话框,在"边框"
选项卡中选择线条样式、线条颜色,并在"预置"下方单击应用领域,
如"外边框"图标;再选择线条样式与颜色,单击"内部"图标,如右
下图所示。

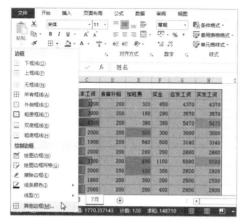 

温馨小提示

　　选择单元格或单元格区域，在"开始"选项卡的"样式"功能组中单击"单元格样式"下拉按钮，在打开的下拉列表中可以根据需要选择单元格样式（好、差和适中，数据和模型，标题，主题单元格，数字格式等）。

Step 09 设置填充色。单击"填充"选项卡，选择一种背景色，单击"确定"按钮，如左下图所示。

Step 10 设置文本字体格式与对齐方式。设置正文文本对齐方式为居中，并设置项目行中文本颜色为红色，字体加粗，如右下图所示。

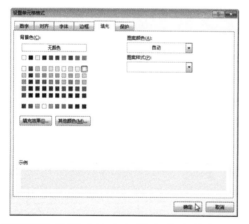 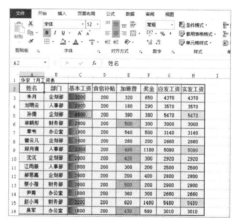

Step 11 设置工资表标题文本字体与对齐方式。选中 A1:H1 单元格区域，在"对齐方式"功能组中单击"合并居中"按钮，并设置字体、字号、填充色及字体颜色，如左下图所示。

Step 12 执行插入图片操作。单击"插入"选项卡，在"插图"功能组中单击"图片"按钮，如右下图所示。

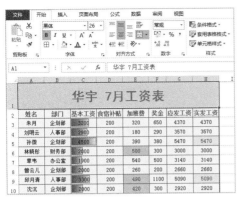

Step 13 选择图片。打开"插入图片"对话框,选择需要插入的图片,单击"插入"按钮,如左下图所示。

Step 14 执行"删除背景"命令。即可将选择的图片插入工作表中。单击将其选中,单击"格式"选项卡,在"调整"功能组中单击"删除背景"按钮,如右下图所示。

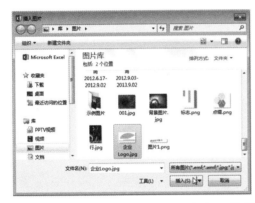

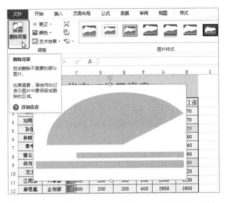

Step 15 标记要保留的区域。单击"背景消除"选项卡,拖动外边框调整区域,单击"标记要保留的区域"按钮,当鼠标指针呈"/"形状时,单击需要保留的区域,单击"保留更改"按钮,如左下图所示。

Step 16 调整图片大小与位置。即可删除图片背景。将鼠标指针移至图片对角线处,拖动鼠标调整其大小,并调整位置,如右下图所示。

温馨小提示

　　如果标记时多出了要删除的部分,单击"优化"功能组中的"标记要删除的区域"按钮,然后在图片中标记需要删除的部分,最后单击"关闭"组中的"保留更改"按钮即可。标记时⊕表示保留区域,⊖表示删除区域。

　　有时会因为特殊情况,需要将删除的图片背景还原,直接单击"调整"功能组中的"重设图片"按钮即可。

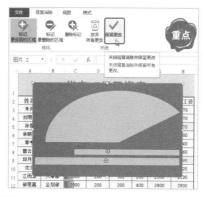

Step 17 设置图片艺术效果。选中图片，单击"格式"选项卡，在"调整"功能组中单击"艺术效果"下拉按钮 艺术效果▼，在打开的下拉列表中选择一种效果，如左下图所示。

Step 18 显示图片最终效果。此时，即可得到图片的艺术效果，如右下图所示。

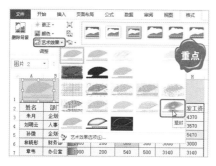

温馨小提示

　　将图片放置在需要的位置后，为了方便对图片操作，可以设置图片属性，让图片随单元格的变小而变小。

　　选择设置的图片，单击"格式"选项卡，在"调整"功能组中单击"艺术效果"下拉按钮 艺术效果▼，在弹出的下拉列表中选择"艺术效果选项"命令，打开"设置图片格式"窗格。单击上方"大小属性"标签 ，选择"属性"选项，选中"大小和位置随单元格而变"单选按钮即可。

本章小结

　　本章通过一系列实例，分别介绍了 Excel 2013 中设置单元格格式、使用单元格样式、使用条件格式、套用表格格式、设置工作表背景及主题的方法。使用艺术字可以美化表格标题文本，制作销售示意图，直接应用形状工具，绘制出相关图示。在表格中为了更加美观和直接地表述数据内容，可以为表格添加图片或图形对象。在学习本章内容的时候，还可以通过学习设置条件格式简单分析数据的方法。

CHAPTER

03 自由计算数据
——使用公式计算数据

■ 本章导读

　　在 Excel 中，除了对数据进行存储和管理外，其最主要的功能在于对数据进行计算与分析。公式是实现数据计算和分析的重要方式之一，本章主要针对 Excel 中公式的应用方法为读者进行相应的讲解。

■ 案例展示

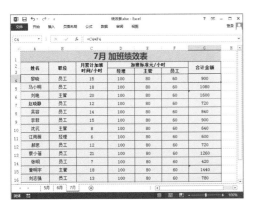

知识链接——公式相关知识

▶ 有人把 Excel 中内置的操作技巧（如单元格自定义格式、表格样式、条件格式等）比作人的外表，把公式函数比作内涵。相对而言，外表更容易装扮，但如果没有内涵，那么 Excel 也只是个"花瓶"。如果要做到真正的"秀外慧中"，那么，就需要学好公式计算这一方面。

主题 01 公式的组成有哪些

公式是根据用户需求对工作表中的数值进行计算的等式。输入公式时，必须以"="开始，然后输入公式的内容。

例如，在"家电销售表"中用 4 种公式的方法计算销量汇总，通过"公式审核"中的"显示公式"命令，将具体公式显示出来以介绍公式的组成结构，如下图所示。

"家电销售表"中使用的 4 种公式，其组成要素如下：

公式	说明	公式	说明
=B3+C3+D3+E3	包含单元格引用的公式	=480+380+460+168	包含常量运算的公式
=SUM(B4:E4)	包含函数的公式	=求和	包含名称的公式

主题 02 运算符的类型

运算符是对公式中的元素进行特定类型的运算。Excel 包含 4 种类型的运算符，分别为算术运算符、比较运算符、文本连接运算符和引用运算符。

1. 算术运算符

算术运算符主要是对数据进行计算，如"–"是将前后两个运算对象进行减法运算。常用算术运算符名称及含义如下：

运算符名称	含义	示例	运算符名称	含义	示例
+（加号）	加法	12+8	/（正斜线）	除法	12/4
–（减号）	减法	15–7	%（百分号）	百分比	25%
–（负号）	负数	–10	^（脱字号）	乘方	3^2
*（星号）	乘法	12*6			

2．比较运算符

比较运算符可以比较选定的数值，比较后的结果为逻辑值，不是 TRUE(真) 就是 FALSE(假)。常用比较运算符名称及含义如下：

运算符名称	含义	示例	运算符名称	含义	示例
＝（等号）	等于	A1＝B1	＜＝（小于等于号）	小于等于	A1＜＝B1
＞（大于号）	大于	A1＞B1	＜＞（不等号）	不等于	A1＜＞B1
＜（小于号）	小于	A1＜B1	＝（等号）	等于	A1＝B1
＞＝（大于等于号）	大于等于	A1＞＝B1			

3．文本连接运算符

文本连接运算符主要用于加入或连接两个或多个文本字符串，以产生一串文本。常用文本连接运算符名称及含义如下：

运算符名称	含义	示例
＆（与号）	将两个文本值连接或串起来产生一个连续的文本值	"四川"＆"成都"

使用文本运算符也可以连接数值。例如，AI 单元格中包含 123，A2 单元格中包含 89，则输入"=A1&A2"，Excel 会默认将单元格 A1 中的内容和单元格 A2 中的内容连接在一起。

温馨小提示

从表面上看，使用文本运算符连接数值得到的结果是文本字符串，但是如果在数学公式中使用这个文本字符串，Excel 会把它看成数字。

4．引用运算符

单元格引用就是用来表示单元格在工作表上所处位置的坐标集，常用引用运算符名称及含义如下：

运算符名称	含义	示例
:（冒号）	区域运算符，引用指定两个单元格之间的所有单元格	A:A5，表示引用 A1 ～ A5 共 5 个单元格
,（逗号）	联合运算符，引用所指定的多个单元格	SUM（A1,A5），表示对 A1 和 A5 两个单元格进行求和
（空格）	交叉运算符，引用同时属于两个引用的区域	B2:D7 C2:C9，表示引用 B2 ～ D7 和 C2 ～ C9 这两个区域共同的区域（C2:C9）

5．括号运算符

括号运算符用于改变 Excel 内置的运算符优先次序，从而改变公式的计算顺序。每一个括号运算符都由一个左括号搭配一个右括号组成。在公式中，会优先计算括号运算符中的内容。例如，需要先计算加法然后再计算乘法，可以利用括号将公式需要先计算的部分涵盖起来。如在公式"=(A1+1) ／ 3"中，先执行"A1+1"运算，再将得到的和除以 3。

在公式中还可以嵌套括号，进行计算时会先计算最内层的括号，逐级向外。Excel 计算公式中使用的括号与我们平时使用的数学计算式不一样。比如数学公式"＝(4＋5)×[2＋(10－8)÷3]＋3"，在 Excel 中的表达式为"＝(4＋5)*(2＋(10－8)／3)＋3"。如果在 Excel 中使用了很多层嵌套括号，相匹配的括号会使用相同的颜色。

主题 03 公式计算中单元格的正确引用方法与原则

1. 单元格的引用方法

通过引用，可以在公式中使用工作表中不同部分的数据，或者在多个公式中使用同一个单元格的数值。还可以引用同一个工作簿中不同工作表上的单元格的数据，或是其他工作簿中的数据。引用单元格数据以后，公式的运算值将随着被引用的单元格数据变化而变化。当被引用的单元格数据被修改后，公式的运算值将自动修改。

单元格的引用方法一般有以下两种。

在计算公式中输入需要引用单元格的列标及行号，如 A5（表示 A 列中的第 5 个单元格）、A6：B7（表示 A6 ～ B7 之间的所有单元格）。

在公式计算时，也可以直接选择需要运算的单元格，Excel 会自动将选择的单元格添加到计算公式中。

温馨小提示

在输入引用单元格时，需先输入列标，再输入行号。如"E3"单元格，若输成"3E"，就不能有效计算。

2. 单元格的引用法则

公式中单元格引用是指对工作表上的单元格或单元格区域进行引用，并告之Excel 在何处查找公式中所使用的值或数据。

通过单元格引用，可以在一个公式中使用工作表不同部分包含的数据，或者在多个公式中使用同一个单元格的值，还可以引用同一个工作簿中不同工作表上的单元格的数据。

公式中单元格的引用类型有相对引用、绝对引用和混合引用。

（1）相对引用

单元格的相对引用是基于包含公式的单元格与被引用的单元格之间的相对位置。如果公式所在的单元格的位置改变，引用也随之改变，公式的计算结果也会发生改变，如下图所示。

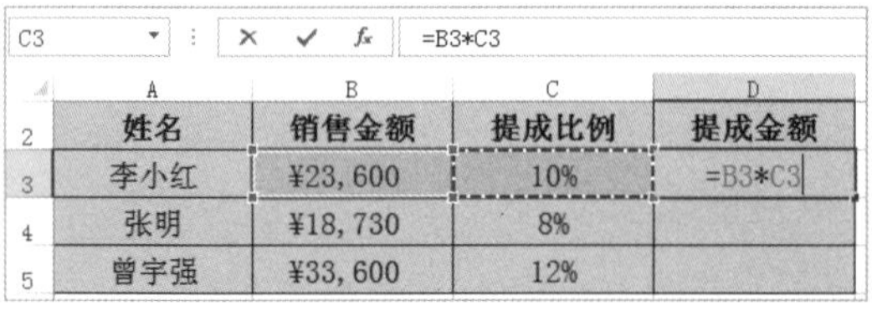

C3		× ✓ fx	=B3*C3	
	A	B	C	D
2	姓名	销售金额	提成比例	提成金额
3	李小红	￥23,600	10%	=B3*C3
4	张明	￥18,730	8%	
5	曾宇强	￥33,600	12%	

（2）绝对引用

与相对引用对应的是绝对引用，表示引用的单元格地址在工作表中是固定不变的，结果与包含公式的单元格地址无关。在相对引用的单元格的列标和行号前分别添加"$"冻结符号表示冻结单元格地址，便可成为绝对引用，如下图所示。

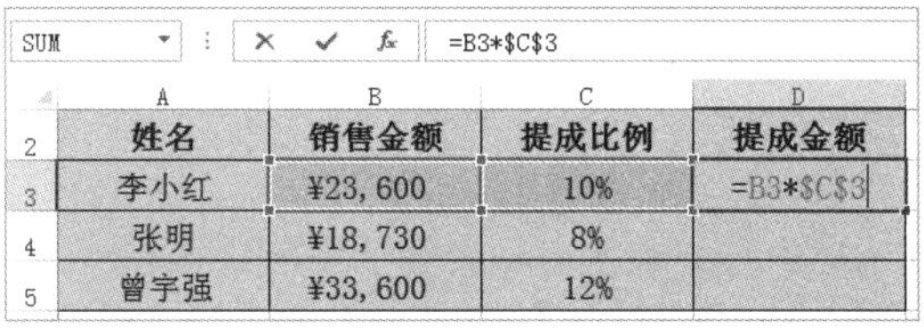

	A	B	C	D
2	姓名	销售金额	提成比例	提成金额
3	李小红	¥23,600	10%	=B3*$C$3
4	张明	¥18,730	8%	
5	曾宇强	¥33,600	12%	

SUM　▼　：　×　✓　*fx*　=B3*$C$3

（3）混合引用

所谓混合引用，是指公式中引用的单元格具有绝对列和相对行、绝对行和相对列。绝对引用列采用如 $A1、$B1 等形式。绝对引用行采用如 A$1、B$1 等形式。

在混合引用中，如果公式所在单元格的位置改变，则相对引用将改变，而绝对引用将不变。如果多行或多列地复制或填充公式，相对引用将自动调整，而绝对引用将不做调整。

温馨小提示

相对引用、绝对引用和混合引用可以互相转换，方法是：选择需要转换的单元格，然后反复按【F4】键进行三者间的相互转换。

主题 04　公式运算讲究的优先级

运算符的优先级，说直白一点就是运算符的先后使用顺序，同时也是进行运算的一种规则。在默认情况下，如果公式中包含多个优先级相同的运算符，则 Excel 将根据从左到右的顺序依次计算。如果要更改公式默认的运算顺序，和数学中的计算一样，需要使用括号"()"参与计算。

如果一个公式中有若干个运算符，那么 Excel 将按下表所示的次序进行计算。运算符的优先级及其运算符如下表所示。

优先顺序	运算符	说明
1	:, ,	引用运算符：冒号，单个空格和逗号
2	–	算术运算符：负号（取得与原值正负号相反的值）
3	%	算术运算符：百分比
4	^	算术运算符：乘幂
5	* 和 /	算术运算符：乘和除
6	+ 和 –	算术运算符：加和减
7	&	文本运算符：连接文本
8	=,<,>,<=,>=,<>	比较运算符：比较两个值

温馨小提示

Excel 中的计算公式与日常使用的数学计算公式相比，运算符号有所不同。其中，算术运算符中的乘号和除号分别用 "*" 和 "/" 符号表示，请注意区别于数学中的 × 和 ÷；比较运算符中的大于等于号、小于等于号、不等于号分别用 ">="、"<=" 和 "<>" 符号表示，请注意区别于数学中的 ≥、≤ 和 ≠。

3.2 同步训练——实战应用成高手

▶ 在 Excel 中，公式的计算能力既快又准，是众多用户生活、工作的好帮手。下面给读者介绍一些常用的计算实例，希望读者能跟着我们的讲解，一步一步地计算出结果。

学习资料

为了方便学习，本节相关实例的素材文件、结果文件，以及同步教学文件可以在配套的光盘中查找，具体内容路径如下。

原始素材文件：光盘 \ 素材文件 \ 第 3 章 \ 同步训练 \	
最终结果文件：光盘 \ 结果文件 \ 第 3 章 \ 同步训练 \	
同步教学文件：光盘 \ 多媒体教学文件 \ 第 3 章 \ 同步训练 \	

案例 01 计算员工年度考评成绩

 案例效果

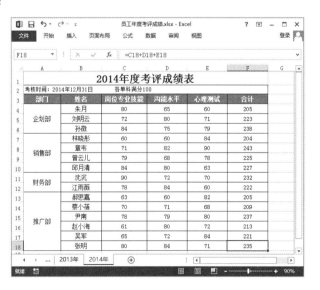

 **制作分析**

本例难易度	制作关键	技能与知识要点
★ ☆ ☆ ☆ ☆	现在的大多数企业都会定期对员工进行考试，以测试个人水平能力。本例计算员工年度考评成绩。首先录入考评数据，添加边框，然后设置考评表样式，接着输入求和公式，得出结果，最后复制公式，得出所有员工的考评成绩	◇ 设置表格样式 ◇ 自定义公式的应用 ◇ 复制公式

具体步骤

Step 01 录入考评成绩表数据。在"员工年度考评成绩"工作簿中添加一张新工作表，并命名为"2014年"，在该工作表中录入年度考评成绩表数据，如左下图所示。

Step 02 美化考评成绩表。根据表格所需设置字体、字号、框线及底纹，并对相关单元格进行合并，如右下图所示。

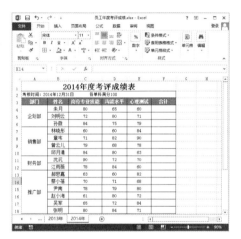

Step 03 输入公式。在姓名"朱月"对应的"合计"单元格中输入公式"=C4+D4+E4"，单击编辑栏中的"输入"按钮✔，如左下图所示。

Step 04 得出计算结果。得出计算结果，如右下图所示。

温馨小提示

在输入自定义公式时应注意：

- 在创建公式时，对于相应的运算符号及标点符号，都必须是在英文状态下输入。
- 在公式中不能包含有空格。为避免被误判为字符串标记，第一个字符必须为等号“=”或加号“+”。
- 在输入公式的单元格地址时，可以直接输入单元格地址，也可以输入“=”号后，用鼠标拖动选择单元格区域或直接选择单元格地址。
- 输入公式时既可以在单元格中直接输入，也可以在编辑栏中输入，而且Excel 2010 的编辑栏是可以调整大小的，所以在实际操作中，输入公式最好在编辑栏中输入。这是因为在编辑栏中输入既方便，又不受其他单元格数据的影响，而且还可以非常方便地通过方向键来改变光标位置。
- 公式内容的最大长度 Excel 2003 为 1 024 个字符，而 Excel 2007/2010/2013 为 8 192 个字符。

即使相关单元格并无任何数据，也可先行安排或复制其对应公式，待其拥有数据后，即可自动求出新值。

Step 05 复制公式。在 F4 单元格右下角处向下拖动鼠标，复制公式，如左下图所示。

Step 06 得出相关计算结果。释放鼠标，即可得出相关计算结果，如右下图所示。

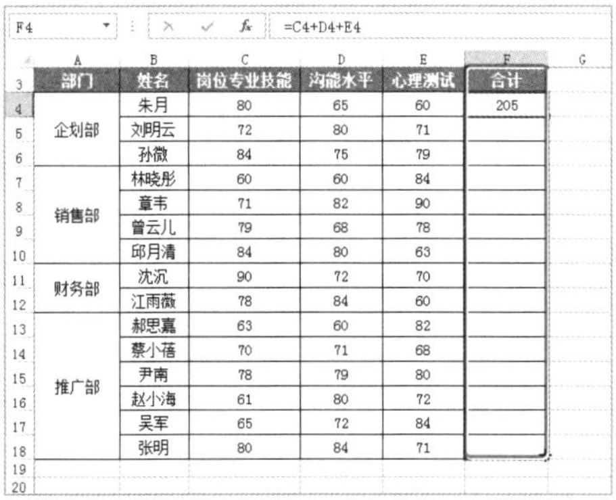

F4 =C4+D4+E4

部门	姓名	岗位专业技能	沟能水平	心理测试	合计
企划部	朱月	80	65	60	205
	刘明云	72	80	71	
	孙微	84	75	79	
销售部	林晓彤	60	60	84	
	章韦	71	82	90	
	曾云儿	79	68	78	
	邱月清	84	80	63	
财务部	沈沉	90	72	70	
	江雨薇	78	84	60	
推广部	郝思嘉	63	60	82	
	蔡小蓓	70	71	68	
	尹南	78	79	80	
	赵小海	61	80	72	
	吴军	65	72	84	
	张明	80	84	71	

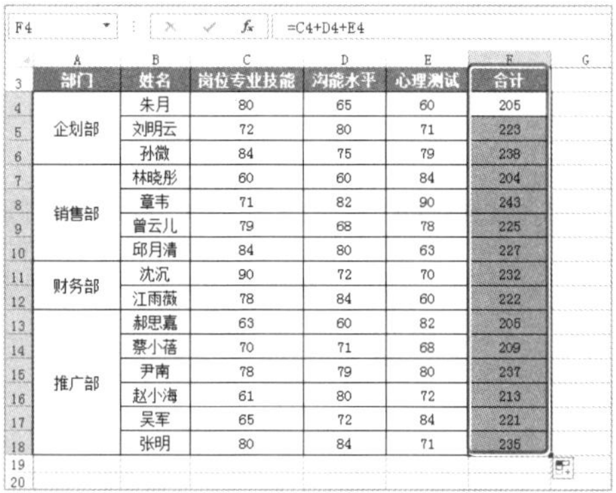

F4 =C4+D4+E4

部门	姓名	岗位专业技能	沟能水平	心理测试	合计
企划部	朱月	80	65	60	205
	刘明云	72	80	71	223
	孙微	84	75	79	238
销售部	林晓彤	60	60	84	204
	章韦	71	82	90	243
	曾云儿	79	68	78	225
	邱月清	84	80	63	227
财务部	沈沉	90	72	70	232
	江雨薇	78	84	60	222
推广部	郝思嘉	63	60	82	205
	蔡小蓓	70	71	68	209
	尹南	78	79	80	237
	赵小海	61	80	72	213
	吴军	65	72	84	221
	张明	80	84	71	235

温馨小提示

在单元格右下角双击自动填充柄，可以将结果单元格右侧所有包含数字的单元格进行计算并复制公式。除了可以向下填充外，也可以拖动自动填充柄向右、向上、向左进行复制填充公式。

案例 02 计算员工绩效

案例效果

制作分析

本例难易度	制作关键	技能与知识要点
★★☆☆☆	现在的企业为了体现公平的原则,都会实行多劳多得制,多做的工作按绩效另行计算。 本例计算员工绩效,首先录入数据,并设置绩效表样式,然后输入公式,计算各员工职业对应的加班时间,以及应得的绩效金额,最后复制公式,得出所有员工的加班绩效	◇ 设置表格样式 ◇ 自定义公式的应用 ◇ 复制公式 ◇ 粘贴公式

具体步骤

Step 01 录入绩效表数据。在"绩效表"工作簿中添加一张新工作表,并命名为"7月",在该工作表中录入加班绩效表数据,如左下图所示。

Step 02 美化绩效表。根据表格所需设置字体、字号、框线及底纹,并对相关单元格进行合并,如右下图所示。

Step 03 输入公式。在姓名"黎晓"对应的"合计金额"单元格中输入公式"=C4*F4";单击编辑栏中的"输入"按钮✔,如左下图所示。

Step 04 得出计算结果。此时,即可得出员工黎晓 7 月的加班绩效金额值,如右下图所示。

Step 05 填充人员加班数据标准。选择 D4:F4 单元格区域,按住鼠标左键不放向下拖动填充数据,如左下图所示。

Step 06 复制公式。选择 G4 单元格,在"剪贴板"功能组中单击"复制"按钮,如右下图所示。

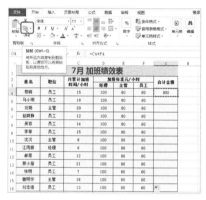

Step 07 执行粘贴公式命令。按住【Ctrl】键,选中职位为"员工"的所有对应"合计金额"单元格,在"剪贴板"功能组中单击"粘贴"下拉按钮,在弹出的下拉列表中单击"公式"按钮,如左下图所示。

Step 08 显示粘贴公式结果。利用复制公式的方式,即可迅速得出所有职位为"员工"的"合计金额",如右下图所示。

Step 09 输入公式。在姓名"刘艳"对应的"合计"单元格中输入公式"=C6*E6"，单击编辑栏中的"输入"按钮 ✔，如左下图所示。

Step 10 复制粘贴公式。即可得出这位主管职位的合计金额。选中该单元格，在"剪贴板"功能组中单击"复制"按钮 📋；按住【Ctrl】键，选中职位为"主管"的所有对应"合计金额"单元格；在"剪贴板"功能组中单击"粘贴"下拉按钮 📋，在弹出的下拉列表中单击"公式"按钮 📋，如右下图所示。

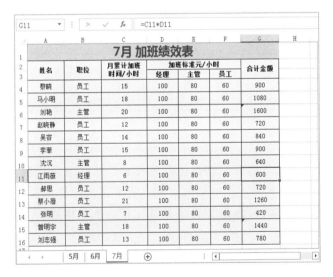

Step 11 继续计算合计金额。利用复制公式的方式，计算出其他员工的合计金额，如下图所示。

		月累计加班时间/小时	加班标准元/小时			合计金额
姓名	职位		经理	主管	员工	
黎晓	员工	15	100	80	60	900
马小明	员工	18	100	80	60	1080
刘艳	主管	20	100	80	60	1600
赵晓静	员工	12	100	80	60	720
吴容	员工	14	100	80	60	840
李菲	员工	15	100	80	60	900
沈沉	主管	8	100	80	60	640
江雨薇	经理	6	100	80	60	600
郝思	员工	12	100	80	60	720
蔡小蓓	员工	21	100	80	60	1260
张明	员工	7	100	80	60	420
曾明宇	主管	18	100	80	60	1440
刘志强	员工	13	100	80	60	780

7月 加班绩效表

温馨小提示

公式中的单元格在默认情况下是相对引用的，只有当公式被复制或填充时，引用的单元格才会随着公式的位置变化而相对变化。如果公式只是移动，引用的单元格是不会变化的。

案例 03 计算产品生产数量

案例效果

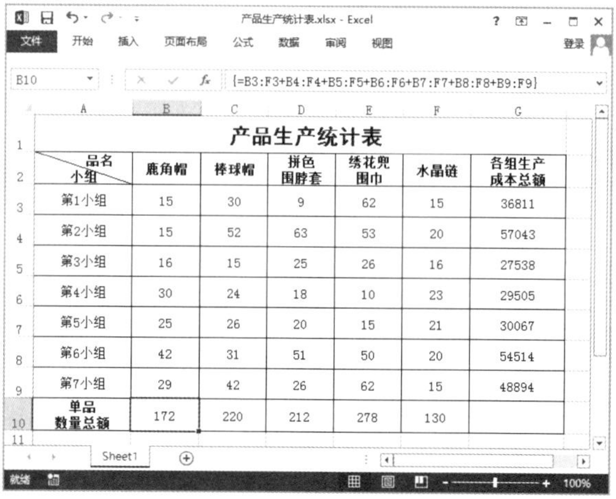

品名\小组	鹿角帽	棒球帽	拼色围脖套	绣花兜围巾	水晶链	各组生产成本总额
第1小组	15	30	9	62	15	36811
第2小组	15	52	63	53	20	57043
第3小组	16	15	25	26	16	27538
第4小组	30	24	18	10	23	29505
第5小组	25	26	20	15	21	30067
第6小组	42	31	51	50	20	54514
第7小组	29	42	26	62	15	48894
单品数量总额	172	220	212	278	130	

产品生产统计表

编辑栏：{=B3:F3+B4:F4+B5:F5+B6:F6+B7:F7+B8:F8+B9:F9}　B10

制作分析

本例难易度	制作关键	技能与知识要点
★ ★ ☆ ☆ ☆	Excel 中可以使用数组公式，对两组或两组以上的数据（两个或两个以上的单元格区域）同时进行计算。在数组公式中使用的数据称为数组参数，数组参数可以是一个数据区域，也可以是数组常量（经过特殊组织的常量表）。 　　本例计算产品生产数据及生产成本，先输入数组公式计算各产品生产总量，然后依次按单价为"19、66、58、28、110"，对各类产品成本进行计算，最后复制公式，得出所有产品的生产成本	◈ 数组公式的应用 ◈ 自定义公式 ◈ 填充公式

具体步骤

Step 01 输入数组公式。打开"产品生产统计表"工作簿，选择存放结果的单元格 B10，在活动单元格中输入"="，再利用鼠标选择第一个计算区域 B3：F3，输入运算符后再选择其他参与计算的单元格区域，最终的数组公式如左下图所示。

Step 02 得出计算结果。输入完公式后，按【Enter】键确认，得出结果值，如右下图所示。

温馨小提示

　　从编辑栏中可以看出，数组公式前后有一对大括号，该大括号是 Excel 自动加上的。如果用户自己输入，Excel 将把这个输入视为一个文本，从而引起错误，导致计算结果不准确。

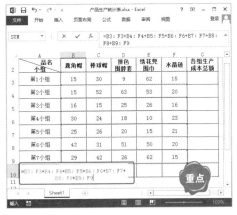
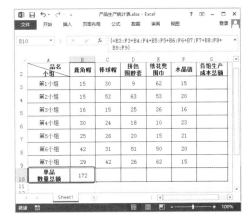

Step 03 拖动填充。在 B10 单元格右下角处，向右拖动鼠标至 F10 单元格，如左下图所示。

Step 04 显示计算结果。此时，快速得出其他产品总量，如右下图所示。

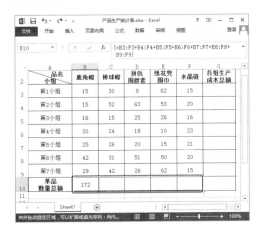
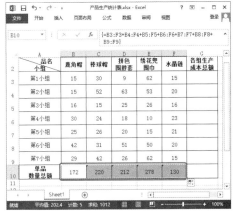

温馨小提示

在本例中，可以先选择 B10:F10 单元格区域，在输入正确的数组计算公式后，再按【Ctrl+Shift+Enter】组合键即可快速计算出所有结果，而不用复制公式。

Step 05 输入数组计算公式。根据销售价格计算出总金额。如单价为"19、66、58、28、110"。在 G3 单元格中输入公式"=SUM(B3:F3*{19;66;58;28;110})"，如左下图所示。

Step 06 得出计算结果。在 G3 单元格右下角处向下拖动鼠标，得出其他产品生产成本总额，如右下图所示。

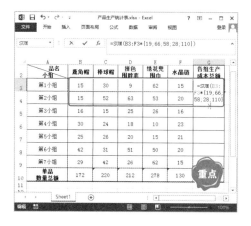 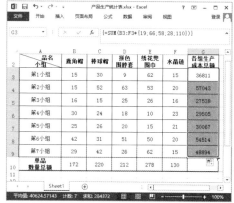

案例 04 统计员工工资

案例效果

制作分析

本例难易度	制作关键	技能与知识要点
★★☆☆☆	在 Excel 中,名称是一种比较特殊的公式,多数由用户自定义,也是以"="号开始,可以由常量数据、常量数组、单元格引用、函数与公式等元素组成。为单元格或单元格区域定义名称后,即可用定义的名称对数据进行快速计算。本例首先录入工资数据,设置表格样式,然后定义各项工资名称,最后使用名称计算应发工资,并填充公式	◇ 定义名称 ◇ 使用名称计算数据 ◇ 复制公式

具体步骤

Step 01 录入工资项目及数据。新建 Excel 工作簿,并将其命名为"工资表",在 Sheet1 工作表中录入工资数据,如左下图所示。

Step 02 设置字体与表格样式。在"字体"功能组中设置文本字体、字号、框线及底纹，在"对齐方式"功能组中设置文本对齐方式，在"数字"功能组中设置数字样式为"货币"样式，如右下图所示。

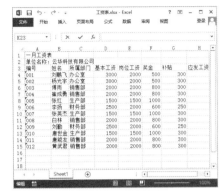

Step 03 执行"基本工资"列的"定义名称"命令。选中"基本工资"列的数据，单击"公式"选项卡，在"定义的名称"功能组中单击"定义名称"下拉按钮，在弹出的下拉列表中选择"定义名称"命令，如左下图所示。

Step 04 新建名称。打开"新建名称"对话框，输入新的名称，确定引用位置无误后，单击"确定"按钮，如右下图所示。

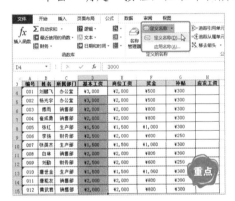

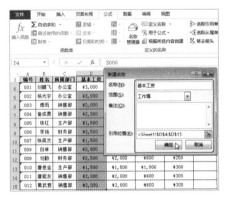

温馨小提示

名称的定义有一定的规则，具体需要注意以下几点：

● 名称可以是任意字符与数字的组合，但名称中的第一个字符必须为字母、下画线"_"或反斜线"/"，如"_1PA"。

● 名称不能与单元格引用相同，如不能定义为"B3"和"C$12"等。也不能以字母"C"、"c"、"R"或"r"作为名称，因为"R"、"C"在R1C1单元格引用样式中表示工作表的行、列。

● 名称中不能包含空格，如果需要由多个部分组成，可以使用下画线或句点号代替。

- 不能使用除下画线、句点号和反斜线以外的其他符号，允许用问号"？"，但不能作为名称的开头。如定义为"Wange?"可以，但定义为"?Wange"就不可以。
- 名称字符长度不能超过 255 个字符，应该便于记忆且尽量简短。
- 名称中的字母不区分大小写，如名称"Elec"和"elec"是相同的。

Step 05 对"岗位工资"列执行"定义名称"命令。选中"岗位工资"列的数据，单击"公式"选项卡，在"定义的名称"功能组中单击"定义名称"下拉按钮，在弹出的下拉列表中选择"定义名称"命令，如左下图所示。

Step 06 输入名称。打开"新建名称"对话框，输入新的名称，确定引用位置无误后，单击"确定"按钮，如右下图所示。

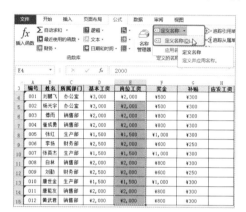 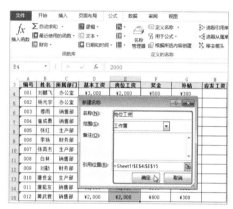

Step 07 选择参与计算的名称。使用上面的方法分别定义 F4:F15 和 G4:G15 的名称为"资金"和"补贴"。选择 H4 单元格，输入"="号，单击"定义的名称"功能组中的"用于公式"下拉按钮，在弹出的下拉列表中选择定义的名称，如"基本工资"，如左下图所示。

Step 08 输入运算符后继续选择计算名称。输入"+"号，继续在"用于公式"下拉列表中选择需要参与计算的名称，如右下图所示。

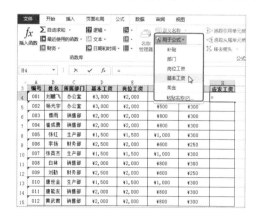 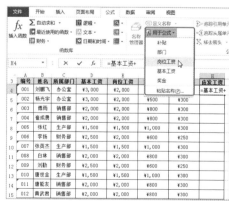

Step 09 录入完整公式。继续输入运算符,利用第7步的方法插入其他定义的名称,
完成公式,如左下图所示。

Step 10 复制公式计算结果。按【Enter】键即可得出计算结果。向下拖动自动填
充柄可复制名称公式,得出其他行的计算结果,如右下图所示。

温馨小提示

当建立的名称不再有效时,可以将其删除。在"名称管理器"对话框的主
窗口中选择需要删除的名称,单击"删除"按钮即可永久地删除工作簿中所选
择的名称。当然,Excel会先发出警告,因为这种操作不能撤销。由于Excel不
能用单元格引用替换删除的名称,因此使用了已删除名称的公式,将会显示为
#NAME? 错误。

案例 05 统计产品销量

案例效果

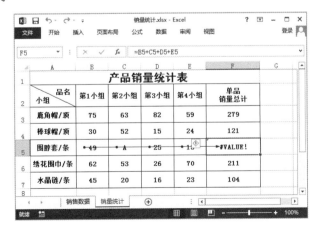

制作分析

本例难易度	制作关键	技能与知识要点
★★★☆☆	在 Excel 中使用公式计算数据，如果遇到错误，可以对公式进行检查和修改。 本例先在"销售数据"工作表中复制数据区域，然后在"销量统计"工作表中进行转置数据粘贴，接着输入自定义公式对各单品的总销量进行统计，最后追踪数据计算有误的单元格，并进行更改	◇ 转置数据行列 ◇ 使用自定义公式计算 ◇ 追踪引用单元格

具体步骤

Step 01 复制数据区域。选择需要复制的数值单元格区域；在"剪贴板"功能组中单击"复制"按钮，如左下图所示。

Step 02 执行"选择性粘贴"命令。切换至"销量统计"工作表，选中需要粘贴数值的单元格区域，在"剪贴板"功能组中单击"粘贴"下拉按钮，在弹出的下拉列表中选择"选择性粘贴"命令，如右下图所示。

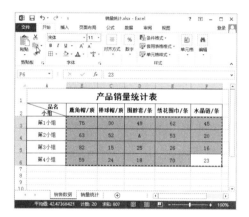
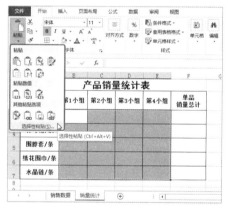

Step 03 设置粘贴方式。打开"选择性粘贴"对话框，选中"数值"单选按钮，勾选"转置"复选框，单击"确定"按钮，如左下图所示。

Step 04 得出转置结果。此时，即可在选择的单元格中查看到对应的数据，如右下图所示。

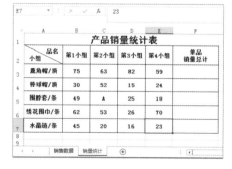

Step 05 输入自定义公式。输入"="号；单击需要计算的单元格，然后输入运算符，再单击单元格，依次添加需要参与计算的单元格，如左下图所示。

Step 06 得出计算结果并复制公式。按【Enter】键得出计算结果，向下拖动自动填充柄可复制名称公式，得出其他行的计算结果，如右下图所示。

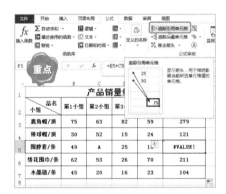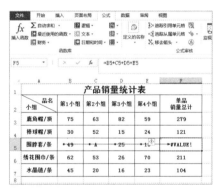

Step 07 执行"追踪引用单元格"命令。在 Excel 中使用公式计算数据时，难免会出现错误，此时就需要对表格中的错误公式进行检查和修改。在公式中出现错误值时，可以对公式引用的区域以箭头的方式显示，从而追踪检查引用来源是否包含有错误值。选择包含错误值的单元格 F5，单击"公式"选项卡，在"公式审核"功能组中单击"追踪引用单元格"按钮，如左下图所示。

Step 08 得出追踪效果。即可对包含错误值的单元格添加追踪效果，如右下图所示。

温馨小提示

在使用 Excel 进行数据计算的过程中，如果公式中出现了错误，往往 Excel 会在单元格中出现一些提示符号，标明错误出现的类型。常见数据计算错误的处理方法如下。

1."#####"错误及其处理办法

出现原因：当列不够宽，或者使用了负日期或时间时，会出现此错误。处理办法如下。

（1）列宽不足以显示内容

增加列宽：双击列标题右侧的边界。

（2）日期和时间为负数

如果使用的是 1900 日期系统，那么在 Excel 中的日期和时间必须为正值；如果对日期和时间进行减法运算，应确保建立的公式是正确的。

2."#VALUE"错误及其处理办法

出现原因：使用的参数或操作数的类型不正确时，会出现此错误。

出现此类错误的具体原因和解决此类错误的操作方法如下。

（1）当公式需要数字或逻辑值时，却输入文本

确保公式或函数所需的操作数或参数正确无误，并且公式引用的单元格中包含有效的值。

（2）输入或编辑数组公式，然后按【Enter】键

选择包含数组公式的单元格（区域），按【F2】键编辑公式，然后按【Ctrl+Shift+Enter】组合键即可。

3."#DIV>0"错误及其处理办法

出现原因：当数字除以零（0）时，会出现此错误。

解决方法：将除数更改为非零值。

4."#NAME?"错误及其处理办法

出现原因：当 Excel 不识别公式中的文本时，会出现此错误。

出现此类错误的具体原因和解决此类错误的操作方法如下。

（1）使用不存在的名称

定义一个引用名称。

（2）函数名称拼写错误

更正函数拼写，通过【Shift+F3】组合键来打开"插入函数"对话框，在公式中插入正确的函数名称。

（3）在公式中输入文本时没有用双引号将文本括起来

公式中输入的文本如果不用双引号括起来，Excel 会把输入的文本内容看作为名称。因此，应将公式中的文本用双引号括起来。

（4）区域引用中漏掉了冒号

给所有区域引用使用冒号（：）。

5."#N>A"错误及其处理办法

出现原因：当数值对函数或公式不可用时，将出现此错误。

解决方法：确保函数或公式中的数值可用。

6."#REF!"错误及其处理办法

出现原因：当单元格引用无效时，会出现此错误。

出现此类错误的具体原因和解决此类错误的操作方法如下。

（1）删除其他公式所引用的单元格，或将已移动的单元格粘贴到其他公式所引用的单元格上。

更改公式，或者在删除或粘贴单元格之后立即撤销以恢复工作表中的单元格。

（2）使用的对象链接或嵌入（OLE）链接所指向的程序未运行启动该程序

启动该程序。

7.　"#NUM!"错误及其处理办法

出现原因：公式或函数中使用了无效的数值，会出现此错误。

出现此类错误的具体原因和解决此类错误的操作方法如下：

（1）在需要数字参数的函数中使用了无法接受的参数

请确保函数中使用的参数是数字。

（2）使用了进行迭代的工作表函数，且函数无法得到结果

为工作表函数使用不同的起始值。

（3）输入的公式所得出的数字太大或太小，无法在 Excel 中表示

更改公式，以使其结果介于 $-1*10\ 307 \sim 1*10\ 307$ 之间。

8.　"#NULL!"错误及其处理办法

出现原因：指定两个并不相交的区域的交点，会出现此错误。

解决方法如下。

（1）使用不正确的区域运算符

引用连续的单元格区域应使用冒号分隔引用区域中的第一个单元格和最后一个单元格；引用不相交的两个区域应使用联合运算符逗号。

（2）区域不相交

更改引用以使其相交。

本章小结

本章介绍了 Excel 2013 中使用公式计算数据的方法，内容涉及公式中的运算符、使用公式计算数据、公式中单元格的引用、公式中名称的使用和错误追踪，解决读者在日常工作中的数据计算事项。

04 简化计算神笔
——使用函数计算数据

■ 本章导读

> Excel 中的函数是预先编写好的公式，可以对一个或多个值进行运算，并返回一个或多个值。它可以简化与缩短工作表中的公式，尤其在用公式执行很长或复杂的计算时。本章主要介绍如何在 Excel 2013 中使用函数计算数据。

■ 案例展示

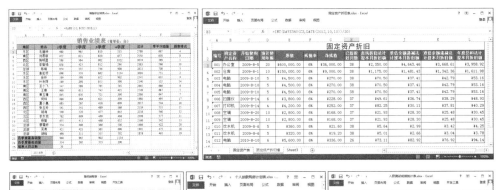

知识链接——函数相关知识

▶ 函数从实质上来讲是一个预先定义好的公式，函数可以执行简单和
复杂的计算，函数处理数据的方式与公式处理数据的方式是相同的。
函数通过接收参数，并对它所接收的参数进行相关的运算，最后返
回运算结果。本节主要讲解函数的基础操作知识，如了解函数的命
名规则、语法与分类等。

主题 01 函数语法知多少

函数作为公式的一种特殊形式存在，可以通过一些参数的数值按特定的顺序
或结构执行计算操作。其参数可以是数字、文本、单元格引用或者其他的公式、
函数等。在描述函数时有一个语法规则，其函数的语法结构为："= 函数名（参数
1，参数 2，…）"。需要注意的是，在使用函数时必须加上括号。例如，通过输入函
数的方法计算出"产品销售表"中产品的销售合计信息，如下图所示。

SUM	▼	:	×	✓	fx	=SUM(B4,C4,D4)		
	A	B	C	D		E	F
1			产品销售表				
2						单位：（台）	
3	品牌	一月	二月	三月		合计	
4	产品一	660	860	540		=SUM(B4,C4,D4)	
5	产品二	880	650	741			
6	产品三	550	600	813			
7	产品四	650	655	810			

温馨小提示

在函数公式中，括号用于包含需要计算的参数。括号的配对让一个函数成
为完整的个体。每个参数以逗号进行分隔。因此，逗号是解读函数的关键。

下面详细说明各参数的含义。

函数的参数可以是常量、TRUE 或 FALSE 的逻辑值、数组、错误值、单元格
引用或嵌套函数等，但指定的参数都必须为有效的参数值。

- 常量：是指不进行计算，并且不会发生改变的值，如数字、文本。
- 逻辑值：用于判断数据真假的值，即 TRUE（真值）或 FALSE（假值）。
- 数组：用于建立可生成多个结果或可对在行和列中排列的一组参数进行计
  算的单个公式。
- 错误值：如"#A/C"、"空值"等。

- 单元格引用：用来表示单元格在工作表中所处位置的坐标集。
- 嵌套函数：是指将函数作为另一个函数的参数使用。

温馨小提示

不同函数所包含的参数数量是不相同的，按参数的数量和使用方法分为不带参数、只带一个参数、参数数量固定、参数数量不固定以及具有可选参数等类型。

当不清楚所用函数的语法结构，只知道该函数的类型时，可打开"插入函数"对话框，在相应类型列表中选择该函数，即可查看所需函数的语法结构和使用方法。

主题 02 探索出函数的优势

在 Excel 中，虽然公式也能够对数据进行计算，但是还是有局限性，而函数分为多种类型，方便在不同的计算中实现不同的计算。在学习使用函数时，需要了解使用函数计算数据的优势。

在进行数据统计和分析时，使用函数可以为我们带来极大的便利，其优势主要体现在以下几个方面。

- 实现特殊功能。很多函数运算可以实现使用普通公式无法完成的功能。例如，需要统计某个单元格区域内的单元格个数，就需要使用 COUNT 函数来实现。
- 减小工作量，提高工作速度。函数有时可以减少手工编辑，能将一些烦琐的工作变得很简单。例如，需要将一个包含上千个名字的工作表打印出来，并在打印过程中将原来全部使用英文大写字母保存的名字打印为第一个字母大写、其他小写。如果使用手工编写，这将是一个庞大的工程，但直接使用 PROPER 函数即可立即转换为需要的格式。
- 允许有条件地运行公式，使之具备基本判断能力。如需在单元格中计算销售提成的金额，当销售额超过 20 000 元，其提成比例为 7%；否则为 3%。如果不使用函数，就需要创建两个不同的公式，并确保为每笔销售额使用正确的公式。而如果使用 IF 函数，就可以一次性地检查单元格中的值，并计算合适的提成。
- 简化公式。使用函数最直观的效果就是可以简化和缩短工作表中的公式，尤其在用公式执行很长或复杂的计算时。例如，使用 SUM 函数简化计算公式，如下图所示。

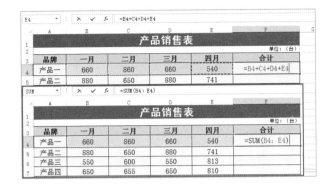

主题 03　函数分类有哪些

Excel 2013 提供了多种不同类型的函数，利用这些函数可以轻松地完成复杂的函数处理工作。下面是几种常见函数类型及其含义。

- 文本函数：用来处理公式中的文本字符串，如 TEXT 函数可将数字转换为文本。
- 财务函数：用来进行有关财务方面的计算，如 DB 函数可返回固定资产的折旧值。
- 逻辑函数：用来测试是否满足某个条件，并判断逻辑值，其中 IF 函数使用最为广泛。
- 日期和时间函数：用来分析或操作公式中与日期和时间有关的值，如 DAY 函数可返回一个月中第几天的数值，介于 1 ~ 31 之间。
- 数学和三角函数：用来进行数学和三角函数方面的计算，如 ABS 函数返回给定数值的绝对值。

4.2　同步训练——实战应用成高手

▶ Excel 的函数计算功能非常强大。下面给读者介绍一些常用的函数计算案例，希望读者能跟着我们的讲解，一步一步地计算出结果。

学习资料

为了方便学习，本节相关实例的素材文件、结果文件，以及同步教学文件可以在配套的光盘中查找，具体内容路径如下。

| 原始素材文件：光盘 \ 素材文件 \ 第 4 章 \ 同步训练 \ |
| 最终结果文件：光盘 \ 结果文件 \ 第 4 章 \ 同步训练 \ |
| 同步教学文件：光盘 \ 多媒体教学文件 \ 第 4 章 \ 同步训练 \ |

案例 01 制作销量分析统计表

案例效果

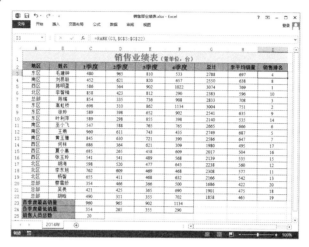

制作分析

本例难易度	制作关键	技能与知识要点
★ ★ ☆ ☆ ☆	本例先使用 SUM() 函数计算出各销售人员的年总销量，接着使用 AVERAGE() 函数计算各销售人员的季平均销量，然后使用 MAX() 函数计算各季度销量最高值，再使用 MIN() 函数计算各季度销量最低值，再使用 COUNT() 函数计算参数中包含数字的个数，最后使用 RANK() 函数对数据进行排序	◈ SUM() 函数求和 ◈ AVERAGE() 函数求平均值 ◈ MAX() 函数求最大值 ◈ MIN() 函数求最小值 ◈ COUNT() 函数计算参数个数 ◈ RANK() 函数对数据进行排序

具体步骤

Step 01 使用 SUM() 函数求和。选择存放计算结果的 G3 单元格，单击"公式"选项卡，单击"函数库"功能组中的"自动求和"按钮，如左下图所示。

Step 02 确认计算区域。确认当前自动选择的计算区域是否正确，如果正确，可不必再手动选择，如右下图所示。

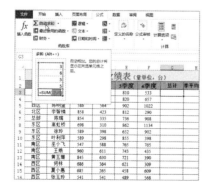

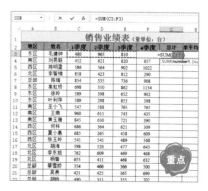

温馨小提示

SUM() 函数可以将用户指定为参数的所有数字相加，每个参数可以是区域、单元格引用、数组、常量、公式或另一个函数的结果。

Step 03 复制函数。按【Enter】键可计算出当前行的总计结果，拖动自动填充柄向下复制函数，即可计算出所有人员的销售总计，如左下图所示。

Step 04 使用 AVERAGE() 函数快速计算平均值。选择存放计算结果的 H3 单元格，单击"公式"选项卡，单击"函数库"功能组中的"自动求和"下拉按钮，在弹出的下拉列表中选择"平均值"命令，如右下图所示。

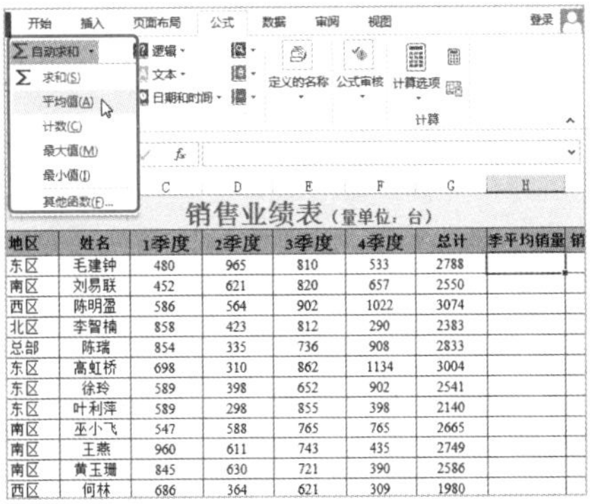

温馨小提示

AVERAGE() 函数用于将所选单元格或单元格区域中的数据先相加再除以单元格个数，即求平均值。

Step 05 选择计算区域。拖动鼠标在工作表中选择正确的计算区域 C3:F3，如左下图所示。

Step 06 复制函数。按【Enter】键可计算出当前行的对应人员的季平均销量值，拖动自动填充柄向下复制函数，得出其他销售人员的季平均销售值，如右下图所示。

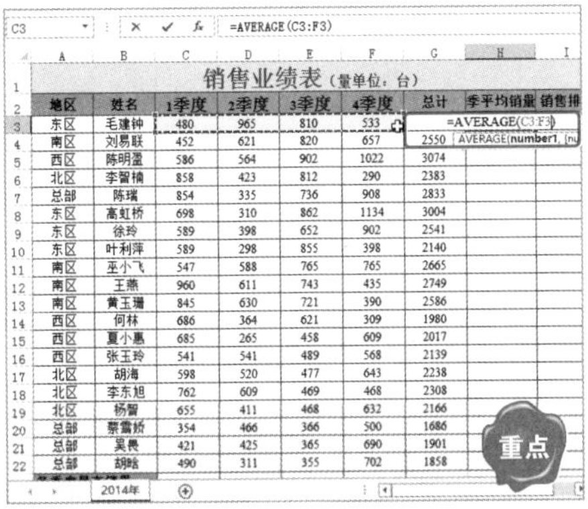

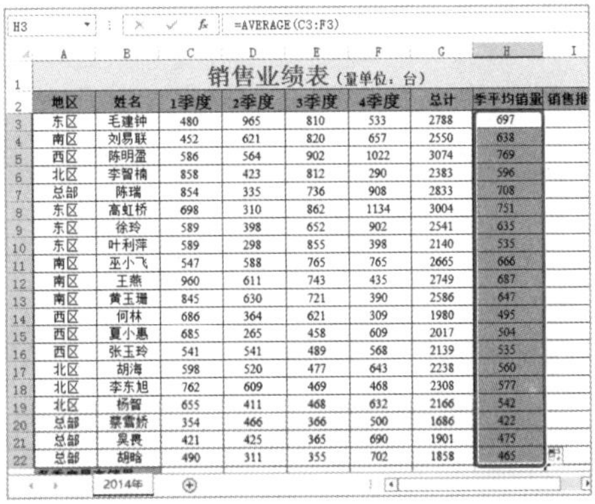

![温馨小提示]

在工作表中如果有数据总合计时，在对数据求平均值时，可以手动输入公式 "=合计值 / 数据项" 即可得出平均值。

Step 07 使用 MAX() 函数统计最大值。选择存放计算结果的 C23 单元格，单击"公式"选项卡，单击"函数库"功能组中的"自动求和"下拉按钮，在弹出的下拉列表中选择"最大值"命令，如左下图所示。

Step 08 选择计算区域。拖动鼠标在工作表中选择正确的计算区域 C3:C22，如右下图所示。

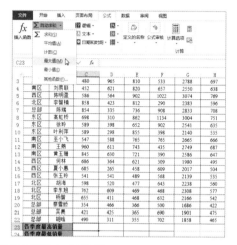
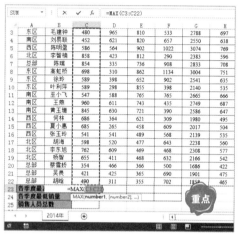

Step 09 复制函数。按【Enter】键可计算出当前列的总计结果，拖动自动填充柄向右复制函数，即可计算出各季度的最高销售值，如左下图所示。

Step 10 使用 MIN() 函数统计最小值。选择存放计算结果的 C24 单元格，单击"公式"选项卡，单击"函数库"功能组中的"自动求和"下拉按钮，在弹出的下拉列表中选择"最小值"命令，如右下图所示。

Step 11 选择计算区域。拖动鼠标在工作表中选择正确的计算区域 C3:C22，如左下图所示。

Step 12 复制函数。按【Enter】键可计算出当前列的总计结果，拖动自动填充柄向下复制函数，即可计算出各季度的最低销售值，如右下图所示。

Step 13 使用 COUNT() 函数计算参数中包含数字的个数。选择存放计算结果的 C25 单元格，单击"公式"选项卡，单击"函数库"功能组中的"自动求和"下拉按钮，在弹出的下拉列表中选择"计数"命令，如左下图所示。

Step 14 选择计算区域。拖动鼠标在工作表中选择正确的计算区域 B3:B22，按【Enter】键计算出销售人员总数，如右下图所示。

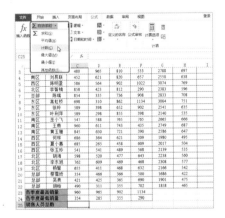
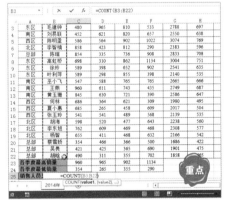

🧑‍🏫 **温馨小提示**

使用 COUNT() 函数可以获取某单元格区域或数字数组中数字字段的输入项的个数。

Step 15 使用 RANK() 函数对数据进行排序。选择存放结果的单元格 I3，在单元格中输入函数"=rank(G3,$G$3:$G$22)"，如左下图所示。

Step 16 复制函数。按【Enter】键可计算出当前行对应人员的销售排名，拖动自动填充柄向下复制函数，即可计算所有人的销售排名情况，如右下图所示。

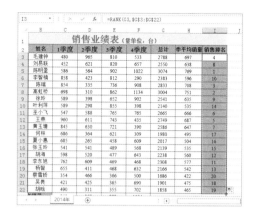

温馨小提示

通常为数据区域加冻结符号，表示选择的排序单元格在该区域中是唯一的，只能生成一个结果。如果不添加冻结符号，即使结果不一样，计算出来的结果也会出现多个重复的排名。可通过按【F4】键快速为参数中的单元格地址添加冻结符号。

案例 02 制作按揭购房计划表

案例效果

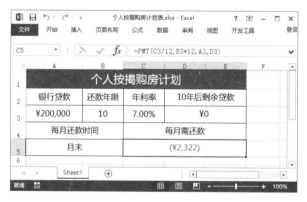

制作分析

本例难易度	制作关键	技能与知识要点
★★☆☆☆	本例先录入按揭购房计划表数据，接着合并单元格，并设置表格样式，调整行高列宽，然后设置数据类型，再选择 PMT 函数，最后设置参数计算按揭购房的每月还款额	◇ 合并单元格 ◇ 自定义设置表格样式 ◇ 设置数据类型 ◇ 选择 PMT() 函数 ◇ 设置函数参数

具体步骤

Step 01 录入数据。将空白工作簿保存为"个人按揭购房计划表",录入相应的文本与数据,如左下图所示。

Step 02 合并单元格。合并 A1:E1,D2:E2,D3:F3,A4:B4,C4:E4,A5:B5,C5:E5 单元格区域,如右下图所示。

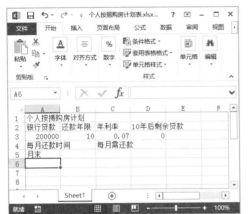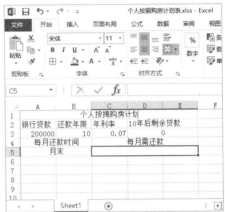

Step 03 设置表格样式。设置文本字体、字号、边框、底纹,效果如左下图所示。

Step 04 调整行高与列宽。根据文本所需调整各单元格的行高与列宽,如右下图所示。

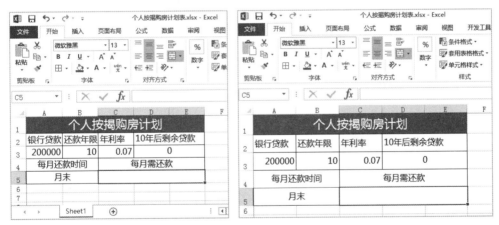

Step 05 设置数据类型。选中金额数据 A3、D3、C5 单元格;在"数字"功能组中单击"数字格式"下拉按钮,在打开的下拉列表中选择"货币"选项,如左下图所示。

Step 06 执行根据文本调整列宽操作。"银行贷款数据更改类型后无法正常显示,将鼠标指针指向 A 列与 B 列中,呈"+"形状时双击,Excel 自动根据文本调整列宽,如右下图所示。

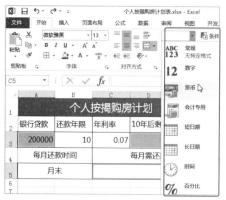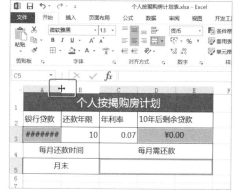

Step 07 设置数据类型与文本对齐方式。继续设置年利率的数据类型为"百分比"，并将所有文本与数据的对齐方式设置为"居中"，如左下图所示。

Step 08 执行"插入函数"操作。选择存放"每月需还款"结果值的C5单元格，单击编辑栏中"插入函数"按钮，如右下图所示。

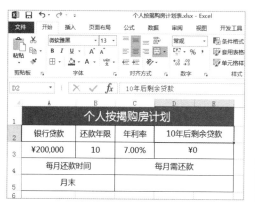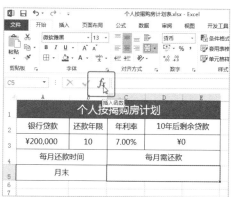

温馨小提示

选择存放计算结果的单元格后，按【Shift+F3】组合键可快速打开"插入函数"对话框。

Step 09 选择函数。打开"插入函数"对话框，选择函数类别为"财务"，在"选择函数"列表框中选择"PMT"，单击"确定"按钮，如左下图所示。

Step 10 设置参数。由于计算的是月还款，因此应将年利率改为月利率，并将还款年限更改为还款月数，并依次为各参数引用对应的单元格地址，单击"确定"按钮，如右下图所示。

Step 11 得出结果值。此时，在 C5 单元格中得出在当前利率下每月需还款的金额值，如下图所示。

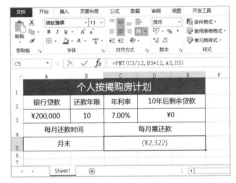

温馨小提示

常规格式下，Excel 将以红色显示出数据为负数的内容，而大多数财务函数计算出来的数据都以负数显示。

案例 03 制作随机抽取表

案例效果

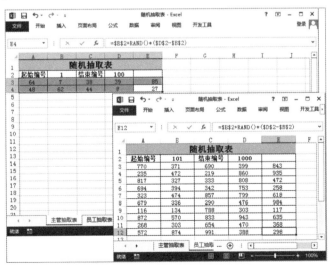

✎ 制作分析

本例难易度	制作关键	技能与知识要点
★ ★ ☆ ☆ ☆	RAND() 函数返回大于等于 0 及小于 1 的均匀分布随机实数，每次计算，都将返回一个新的随机实数。 　　本例先在 "主管抽取表" 中设置数值小数为 0，然后输入函数及参数，得出 15 个随机编号。再切换到 "员工抽取表"，同样设置数值小数为 0，输入函数，最后得出随机编号	◇ 设置数值小数位数 ◇ 使用随机函数

🖱 具体步骤

Step 01 打开 "设置单元格格式" 对话框。全公司有 1 000 人，1~100 号为主管，101~1 000 号为普通员工。现制作抽取表随机抽出 10 位主管及 50 位员工。选择放置 10 个编号的单元格区域，单击 "字体" 功能组右下角的 "对话框启动器" 按钮，如左下图所示。

Step 02 设置数字小数位数为 0。打开 "设置单元格格式" 对话框，单击 "数字" 选项卡，在左侧列表中选择 "数值" 选项，在右侧设置小数位数为 0，单击 "确定" 按钮，如右下图所示。

Step 03 输入函数。在编辑栏中输入 "=$B$2+RAND()*($D$2-$B$2)"，如左下图所示。

Step 04 得出随机编号。按【Ctrl + Enter】组合键，即可得到 1 ～ 100 之间的 10 个随机编号，如右下图所示。

Step 05 打开"设置单元格格式"对话框。切换到"员工抽取表"工作表标签，选择放置 50 个编号的单元格区域，单击"字体"功能组右下角的"对话框启动器"按钮，如左下图所示。

Step 06 设置数字小数位数为 0。打开"设置单元格格式"对话框，单击"数字"选项卡，在左侧列表中选择"数值"选项，在右侧设置小数位数为 0，单击"确定"按钮，如右下图所示。

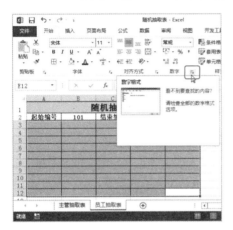 

Step 07 输入函数。在编辑栏中输入"=$B$2+RAND()*($D$2-$B$2)"，如左下图所示。

Step 08 得出随机编号。按【Ctrl+Enter】组合键，即可得到 101 ～ 1 000 之间的 50 个随机编号，如右下图所示。

温馨小提示

由于 rand() 的值为介于 0~1 的随机数，当 rand() 为 0 时，本公式可得 1；当 rand() 为 1 时，本公式可得 100 和 1 000。因此，每位主管或员工都有可能会被抽到。计算出结果后，可以按【F9】键随时更新随机数据。

案例 04 制作固定资产折旧表

案例效果

制作分析

本例难易度	制作关键	技能与知识要点
★★★☆☆	折旧是固定资产在使用过程中因逐渐耗损而转移到产品或劳务中的价值。本例先计算残旧值，然后计算已计提折旧月数，然后采用多种方式计算本月折旧额	◈ DATE() 函数的使用 ◈ SLN() 函数的使用 ◈ DDB() 函数的使用

具体步骤

公司的固定资产都需要计提折旧，折旧的金额大小直接影响到产品的价格和公司的利润。

为了方便、正确地计算每一项固定资产的折旧额，首先要创建固定资产折旧表，计算每一项固定资产的预计净残值和已使用月数。

在制作固定资产折旧表中会应用到 DAYS360() 函数和 DATE() 函数。各函数的语法如下。

● DAYS360() 函数：按一年 360 天的算法（每个月以 30 天计，一年共计 12 个月），返回两日期间相差的天数，这在一些会计计算中会用到。

语法：DAYS360(start_date,end_date,method)

参数 start_date 为必需的，表示计算期间天数的起始日期。

参数 end_date 为必需的，表示计算期间天数的终止日期。

参数 method 为必需的，为一个逻辑值，它指定了在计算中是采用欧洲方法还是美国方法。为 FALSE 或省略表示采用美国方法（NASD）。如果起始日期为某月的最后一天，则等于当月的 30 号。如果终止日期为某月的最后一天，并且起始日期早于某月的 30 号，则终止日期等于下个月的 1 号，否则，终止日期等于当月的 30 号。为 TRUE 表示欧洲方法。如果起始日期和终止日期为某月的 31 号，则等于当月的 30 号。

- DATE() 函数：返回表示特定日期的连续序列号。

语法：DATE (year,month,day)

参数 year 为必需的，year 参数的值可以包含 1 ~ 4 位数字。Excel 将根据计算机所使用的日期系统来解释 year 参数。在默认情况下，Microsoft Excel for Windows 将使用 1900 日期系统，而 Microsoft Excel for Macintosh 将使用 1904 日期系统。

参数 month 为必需的，为一个正整数或负整数，表示一年中从 1 月至 12 月（一月到十二月）的各个月。如果 month 大于 12，则 month 从指定年份的一月份开始累加该月份数；如果 month 小于 1，则 month 从指定年份的一月份开始递减该月份数，然后再加上一个月。

参数 day 为必需的，为一个正整数或负整数，表示一月中从 1 日到 31 日的各天。

Step 01 输入净残值公式。选中存放计算结果的 G3 单元格，输入公式 "=E3*F3"，如左下图所示。

Step 02 拖动填充公式。按【Enter】键确认计算；选中 G3 单元格，将鼠标指针定位至右下角，按住左键不放拖动填充计算公式，得出计算结果，如右下图所示。

Step 03 输入计算折旧额公式。选中存放计算结果的 H3 单元格，输入公式 "=INT (DAYS360(C3,DATE(2012,10,10))/30)"，如左下图所示。

Step 04 拖动填充公式。按【Enter】键确认计算；选中 H3 单元格，将鼠标指针定位至右下角，按住左键不放拖动填充计算公式，得出计算结果，如右下图所示。

固定资产折旧

固定资产名称	开始使用日期	预计使用年限	原值	残值率	净残值	已提折旧月数	直线折旧法计提本月折旧额	单位计提
办公室	2009-8-5	20	¥600,000.00	6%	=INT(DAYS360(C3,DATE(2012,10,10))/30)			
仓库	2009-8-1	10	¥150,000.00	6%	¥9,000.00			
电脑	2009-8-10	5	¥4,500.00	6%	¥270.00			
电脑	2009-8-10	5	¥4,500.00	6%	¥270.00			
电脑	2009-8-10	5	¥4,500.00	6%	¥270.00			
扫描仪	2009-8-14	6	¥3,800.00	6%	¥228.00			
打印机	2009-8-14	4	¥4,200.00	6%	¥252.00			
空调	2009-8-20	10	¥2,800.00	6%	¥168.00			
空调	2009-8-20	10	¥2,800.00	6%	¥168.00			
饮水机	2009-8-6	5	¥360.00	6%	¥21.60			
饮水机	2009-8-6	5	¥320.00	6%	¥19.20			
电脑	2010-8-10	6	¥5,600.00	6%	¥336.00			

=INT(DAYS360(C3,DATE(2012,10,10))/30)

重点

固定资产折旧

固定资产名称	开始使用日期	预计使用年限	原值	残值率	净残值	已提折旧月数	直线折
办公室	2009-8-5	20	¥600,000.00	6%	¥36,000.00	38	
仓库	2009-8-1	10	¥150,000.00	6%	¥9,000.00	38	
电脑	2009-8-10	5	¥4,500.00	6%	¥270.00	38	
电脑	2009-8-10	5	¥4,500.00	6%	¥270.00	38	
电脑	2009-8-10	5	¥4,500.00	6%	¥270.00	38	
扫描仪	2009-8-14	6	¥3,800.00	6%	¥228.00	37	
打印机	2009-8-14	4	¥4,200.00	6%	¥252.00	37	
空调	2009-8-20	10	¥2,800.00	6%	¥168.00	37	
空调	2009-8-20	10	¥2,800.00	6%	¥168.00	37	
饮水机	2009-8-6	5	¥360.00	6%	¥21.60	38	
饮水机	2009-8-6	5	¥320.00	6%	¥19.20	38	
电脑	2010-8-10	6	¥5,600.00	6%	¥336.00	26	

固定资产表　固定资产折旧值　Sheet3

直线折旧法又称为平均年限法，是将固定资产的应计折旧额按预计使用年限均衡地分摊到各期的方法，是计提固定资产折旧常用的方法之一。

SLN() 函数用于计算某项资产在一定期间中的线性折旧值。

语法：SLN（cost,salvage,life）

参数 cost 为必需的，表示资产原值。

参数 salvage 为必需的，表示资产在使用寿命结束时的残值。

参数 life 为必需的，表示资产的折旧期限。

例如，使用直线折旧法将固定资产原值、预计净残值以及预计清理费用按预计使用年限平均计算折旧，具体操作方法如下。

Step 05 输入计算折旧额公式。选中存放计算结果的 I3 单元格，输入公式 "=SLN(E3,G3,D3*12)"，如左下图所示。

Step 06 拖动填充公式。按【Enter】键确认计算；选中 I3 单元格，将鼠标指针定位至右下角，按住左键不放拖动填充计算公式，得出计算结果，如右下图所示。

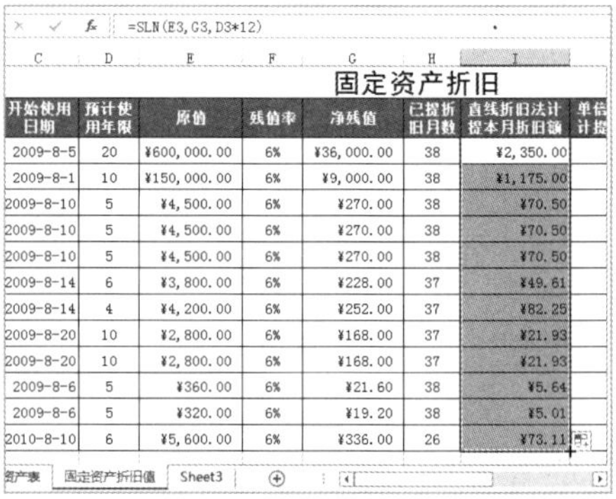

=SLN(E3,G3,D3*12)

固定资产折旧

固定资产名称	开始使用日期	预计使用年限	原值	残值率	净残值	已提折旧月数	直线折旧法计提本月折旧额	单位计提
办公室	2009-8-5	20	¥600,000.00	6%	¥36,000.00	38	=SLN(E3,G3,D3*12)	
仓库	2009-8-1	10	¥150,000.00	6%	¥9,000.00	38		
电脑	2009-8-10	5	¥4,500.00	6%	¥270.00	38		
电脑	2009-8-10	5	¥4,500.00	6%	¥270.00	38		
电脑	2009-8-10	5	¥4,500.00	6%	¥270.00	38		
扫描仪	2009-8-14	6	¥3,800.00	6%	¥228.00	37		
打印机	2009-8-14	4	¥4,200.00	6%	¥252.00	37		
空调	2009-8-20	10	¥2,800.00	6%	¥168.00	37		
空调	2009-8-20	10	¥2,800.00	6%	¥168.00	37		
饮水机	2009-8-6	5	¥360.00	6%	¥21.60	38		
饮水机	2009-8-6	5	¥320.00	6%	¥19.20	38		
电脑	2010-8-10	6	¥5,600.00	6%	¥336.00	26		

=SLN(E3,G3,D3*12)

固定资产折旧

开始使用日期	预计使用年限	原值	残值率	净残值	已提折旧月数	直线折旧法计提本月折旧额	单位计提
2009-8-5	20	¥600,000.00	6%	¥36,000.00	38	¥2,350.00	
2009-8-1	10	¥150,000.00	6%	¥9,000.00	38	¥1,175.00	
2009-8-10	5	¥4,500.00	6%	¥270.00	38	¥70.50	
2009-8-10	5	¥4,500.00	6%	¥270.00	38	¥70.50	
2009-8-10	5	¥4,500.00	6%	¥270.00	38	¥70.50	
2009-8-14	6	¥3,800.00	6%	¥228.00	37	¥49.61	
2009-8-14	4	¥4,200.00	6%	¥252.00	37	¥82.25	
2009-8-20	10	¥2,800.00	6%	¥168.00	37	¥21.93	
2009-8-20	10	¥2,800.00	6%	¥168.00	37	¥21.93	
2009-8-6	5	¥360.00	6%	¥21.60	38	¥5.64	
2009-8-6	5	¥320.00	6%	¥19.20	38	¥5.01	
2010-8-10	6	¥5,600.00	6%	¥336.00	26	¥73.11	

固定资产表　固定资产折旧值　Sheet3

单倍余额递减法是加速计提折旧的方法之一，它采用一个固定的折旧率乘以一个递减的固定资产账面值，从而得到每期的折旧额。

DB() 函数可以使用固定余额递减法，计算一笔资产在给定期间内的折旧值。

语法：DB（cost,salvage,life,period,[month]）

参数 cost 为必需的，表示资产原值。

参数 salvage 为必需的，表示资产在使用寿命结束时的残值。

参数 life 为必需的，表示资产的折旧期限。

参数 period 为必需的，表示需要计算折旧值的期间。

参数 month 为可选的，表示第一年的月份数，默认数值是 12。

使用 DB 函数计提固定资产折旧额，具体操作方法如下。

Step 07 输入计算折旧额公式。选中存放计算结果的 J3 单元格，输入公式 "=DB(E3,G3,D3*12,H3,12-MONTH(C3))"，如左下图所示。

Step 08 拖动填充公式。按【Enter】键确认计算；选中 J3 单元格，将鼠标指针定位至右下角，按住左键不放拖动填充计算公式，得出计算结果，如右下图所示。

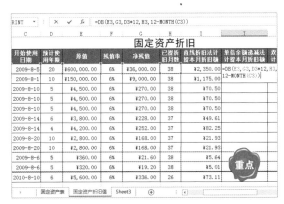

双倍余额递减法是在不考虑固定资产残值的情况下，根据每期期初固定资产账面余额和双倍的直线法折旧率计算固定资产折旧的一种方法。

DDB() 函数可以使用双倍（或者其他倍数）余额递减法，计算一笔资产在给定期间内的折旧值。

语法：DDB（cost,salvage,life,period,[factor]）

参数 cost 为必需的，表示资产原值。

参数 salvage 为必需的，表示资产在使用寿命结束时的残值。

参数 life 为必需的，表示资产的折旧期限。

参数 period 为必需的，表示需要计算折旧值的期间。

参数 factor 为可选的，表示余额递减速率，默认值是 2（即双倍余额递减法）。使用 DDB() 函数计提固定资产折旧额，具体操作方法如下。

Step 09 输入计算折旧额公式。选中存放计算结果的 K3 单元格，输入公式 "=DDB(E3,G3,D3*12,H3)"，如左下图所示。

Step 10 拖动填充公式。按【Enter】键确认计算；选中 K3 单元格，将鼠标指针定位至右下角，按住左键不放拖动填充计算公式，得出计算结果，如右下图所示。

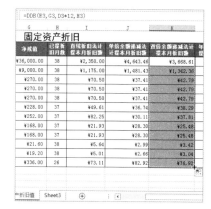

年数总和法是指将固定资产的原值减去预计净残值后的值乘以一个逐年递减的分数计算每年的折旧额。在计算年数总和法时，会应用到 SYD() 函数。

SYD() 函数用于计算某项资产按年限总和折旧法计算的指定期间的折旧值。

语法：SYD（cost,salvage,life,per）

参数 cost 为必需的，表示资产原值。

参数 salvage 为必需的，表示资产在使用寿命结束时的残值。

参数 life 为必需的，表示资产的折旧期限。

参数 per 为必需的，表示期间，与 life 单位相同。

使用 SYD() 函数计提固定资产折旧额，具体操作方法如下。

Step 11 输入计算折旧额公式。选中存放计算结果的 L3 单元格，输入公式 "=SYD(E3,G3,D3*12,H3)"，如左下图所示。

Step 12 拖动填充公式。按【Enter】键确认计算；选中 L3 单元格，将鼠标指针定位至右下角，按住鼠标左键不放拖动填充计算公式，得出计算结果，如右下图所示。

案例 05　制作入职测试成绩统计表

案例效果

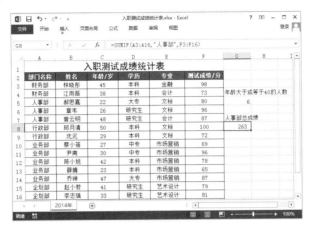

制作分析

本例难易度	制作关键	技能与知识要点
★ ★ ★ ☆ ☆	本例先录入成绩相关信息，接着设置数据验证，然后依次选择自定义序列，再插入函数，并选择 COUNTIF() 函数，设置函数参数，得出结果值，最后选择 SUMIF() 函数，设置其参数，得出结果值	◇ COUNTIF() 函数的使用 ◇ SUMIF() 函数的使用

具体步骤

Step 01 输入成绩统计表信息并设置样式。新建"入职测试成绩统计表"工作簿，录入统计表资料，并设置表格样式，如左下图所示。

Step 02 执行"数据验证"操作。选择 A3:A16 单元格区域，单击"数据"选项卡，在"数据工具"功能组中单击"数据验证"按钮 ，如右下图所示。

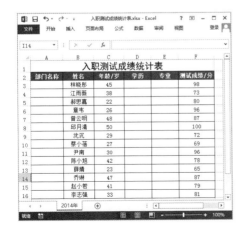

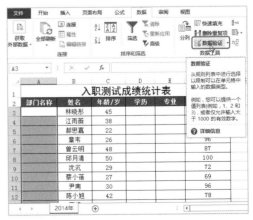

Step 03 设置验证条件。打开"数据验证"对话框,在"允许"下拉列表框中选择"序列"选项,在"来源"文本框中输入"行政部,人事部,财务部,业务部,企划部"序列,单击"确定"按钮,如左下图所示。

Step 04 选择自定义的序列选项。单击 A3 单元格右侧的下拉按钮,在弹出的下拉列表框中选择"财务部"选项,如右下图所示,并依次为 A4:A16 单元格区域添加自定义的序列。

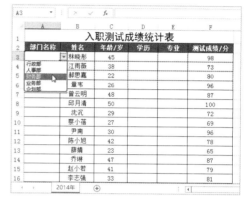

温馨小提示

在设置数据有效性的对话框中,输入序列时,选项间必须使用英文状态下的逗号","隔开,才能显示各选项,否则输入的选项将会显示成一条记录。

Step 05 设置验证条件与序列。选择 D3:D16 单元格区域,在"数据工具"功能组中单击"数据验证"按钮 数据验证,打开"数据验证"对话框,在"允许"下拉列表框中选择"序列"选项,在"来源"文本框中输入"中专,大专,本科,研究生"序列,单击"确定"按钮,如左下图所示。

Step 06 选择自定义的序列选项。在 D3:D16 单元格区域中,依次单击各单元格右侧的下拉按钮,选择自定义选项,如右下图所示。

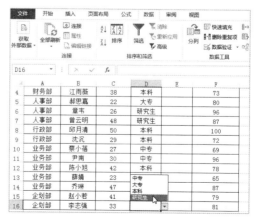

Step 07 继续设置专业序列选项。使用第5、6步同样的方法，为"专业"列设置来源"金融，会计，文秘，市场营销，艺术设计"，并选择自定义序列，如左下图所示。

Step 08 执行"插入函数"命令。选择存放结果的单元格 G5，单击"公式"选项卡，在"函数库"功能组中单击"插入函数"按钮，如右下图所示。

温馨小提示

COUNTIF 函数用于对单元格区域中满足单个指定条件的单元格进行计数。

语法：COUNTIF (range,criteria)

参数 range 为必需的，表示要对其进行计数的一个或多个单元格，其中包括数字或名称、数组或包含数字的引用。空值和文本值将被忽略。

参数 criteria 为必需的，表示统计的条件，可以是数字、表达式、单元格引用或文本字符串。

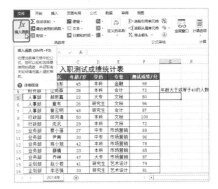

Step 09 选择 COUNTIF 函数。打开"插入函数"对话框，在"或选择类别"下拉列表中选择"统计"选项，在显示的函数列表中选择"COUNTIF"，单击"确定"按钮，如左下图所示。

Step 10 设置 Range 范围。打开"函数参数"对话框，在 Range 参数框右侧单击图标，在工作表中拖动选择区域，然后单击图标，如右下图所示。

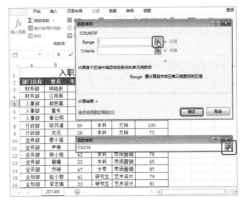

Step 11 设置函数参数。在 Criteria 函数框中输入"'>=40'",单击"确定"按钮,如左下图所示。

Step 12 统计出结果。此时,即可统计出年龄大于或等于 40 岁的人数,如右下图所示。

Step 13 执行"插入函数"命令。选择存放结果的单元格 G8,单击"公式"选项卡,在"函数库"功能组中单击"插入函数"按钮,如左下图所示。

Step 14 选择 SUMIF 函数。打开"插入函数"对话框,在"或选择类别"下拉列表中选择"全部"选项,在显示的函数列表中选择"SUMIF",单击"确定"按钮,如右下图所示。

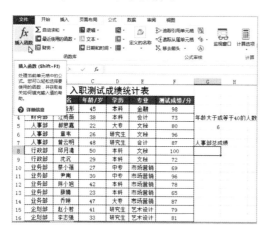

Step 15 设置函数参数。打开"函数参数"对话框,在 Range 参数框中输入"A3:A16",在 Criteria 参数框中输入"'人事部'",在 Sum_range 参数框中输入"F3:F16",单击"确定"按钮,如左下图所示。

Step 16 统计出"人事部"测试总成绩。此时,即可统计出"人事部"入职人员测试总成绩,如右下图所示。

本章小结

　　Excel 表格最强大的功能就是通过函数对表格中的数据进行计算。通过本章知识的学习和案例练习，相信读者已经掌握了常用函数的相关基础知识，业余时间应花时间多学习各种函数的语法结构和具体用法，以便灵活应用于实际工作中。

CHAPTER

05

统计分析法宝
——排序、筛选和分类汇总

■ 本章导读

　　Excel 除了拥有强大的计算功能外，还能对大型数据库进行管理与统计，例如，筛选满足条件的数据、对数据进行分类和汇总。本章主要向用户介绍利用 Excel 排序、筛选、分类汇总及其应用的相关知识。

■ 案例展示

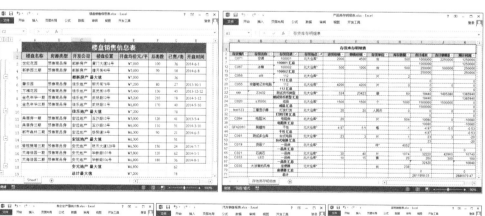

5.1 知识链接——数据管理知识

▶ Excel 的另一强大功能是数据管理与分析功能，使用该功能能让用户有序地管理好各种数据信息，包括对表格中的数据进行排序、筛选符合条件的数据、分类汇总数据等。对表格数据进行管理后，可以轻松地在数据众多的表格中提炼出需要的数据项，大大方便了用户对表格数据的查阅。

主题 01　排序需讲究的规则

数据的排序是根据数据表格中的相关字段名，将数据表格中的记录按升序或降序的方式进行排序。

Excel 的排序分升序和降序两种类型，对于字母，升序是从 A 到 Z 排列；对于数字，升序是按数值从小到大排列。排序规则如下表所示。

符号	排序规则（升序）
数字	数字从最小的负数到最大的正数进行排序
字母	按字母先后顺序排序（在按字母先后顺序对文本项进行排序时，Excel 从左到右一个字符接一个字符地进行排序）
文本以及包含数字的文本	0 1 2 3 4 5 6 7 8 9（空格）！ " # $ % & ( ) * , . / : ; ? @ [\ ] ^ _ ` { | } ~ + < = > A B C D E F G H I J K L M N O P Q R S T U V W X Y Z
逻辑值	在逻辑中，FALSE 排在 TRUE 之前
错误值	所有错误值的优先级相同
空格	空格始终排在最后

主题 02　分类汇总的要素

当表格中的记录越来越多，且出现相同类别的记录时，使用分类汇总功能可以将性质相同的数据集合到一起，分门别类后再进行汇总运算。这样就能更直观地显示出表格中的数据信息，方便用户查看。

在使用分类汇总时，表格区域中需要有分类字段和汇总字段。其中，分类字段是指对数据类型进行区分的列单元格，该列单元格中的数据包含多个值，且数据中具有重复值，如性别、学历、职位等；汇总字段是指对不同类别的数据进行汇总计算的列，汇总方式可以为计算、求和、求平均等。例如，要在工资表中统计出不同部门的工资总和，则将部门数据所在的列单元格作为分类字段，将工资作为汇总项，汇总方式则采用求和的方式，如下图所示。

工资发放明细表

单位名称：XX 公司　　　　　　　　　　　　　　XX 年 XX 月 XX 日

编号	姓名	所属部门	职工类别	基本工资	岗位工资	奖金	补贴	应发工资	扣养老金	请假扣款	扣所得税	实发工资	签字
0001	王耀东	办公室	管理人员	3000.00	2000.00	500.00	300.00	5800.00	300.00	100.00	870.00	4530.00	
0002	马一鸣	办公室	管理人员	3000.00	2000.00	500.00	300.00	5800.00	300.00		870.00	4630.00	
		办公室 汇总		6000.00	4000.00							9160.00	
0006	邹燕燕	财务部	管理人员	2500.00	2000.00	600.00	250.00	5350.00	250.00	250.00	802.50	4047.50	
0009	邱海丽	财务部	管理人员	2500.00	2000.00	600.00	250.00	5350.00	250.00	583.00	802.50	3714.50	
		财务部 汇总		5000.00	4000.00							7762.00	
0005	潘涛	生产部	工人	1500.00	1500.00	1000.00	300.00	4300.00	150.00	100.00	0.00	4050.00	
0007	孙晓斌	生产部	工人	1500.00	1500.00	1000.00	300.00	4300.00	150.00		0.00	4150.00	
0010	王富萍	生产部	工人	1500.00	1500.00	1000.00	300.00	4300.00	150.00	0.00	0.00	4150.00	
		生产部 汇总		4500.00	4500.00							12350.00	
0003	崔静	销售部	管理人员	2000.00	2000.00	800.00	300.00	5100.00	200.00	33.00	765.00	4102.00	
0004	麦太平	销售部	管理人员	2000.00	2000.00	800.00	300.00	5100.00	200.00		765.00	4135.00	
0008	赵昌彬	销售部	管理人员	2000.00	2000.00	800.00	300.00	5100.00	200.00		765.00	4135.00	
0011	宋辉	销售部	管理人员	2000.00	2000.00	800.00	300.00	5100.00	200.00	333.00	765.00	3802.00	
0012	高辉	销售部	管理人员	2000.00	2000.00	800.00	300.00	5100.00	200.00		765.00	4135.00	
		销售部 汇总		10000.00	10000.00							20309.00	
		总计		25500.00	22500.00							49581.00	

工资表 Sheet1 Sheet2

在汇总结果中将出现分类汇总和总计的结果值。其中，分类汇总结果值是对同一类别的数据进行相应的汇总计算后得到的结果；总计结果值则是对所有数据进行相应的汇总计算后得到的结果。使用分类汇总命令后，数据区域将应用分级显示，不同的分类作为一级，每一级中的内容即为原数据表中该类别的明细数据。

主题03　分类汇总不是手工活儿

俗话说，年轻人吃点儿苦是好事，但没必要的苦我们又何必要尝呢！在这里，用手工做分类汇总表，就是自讨苦吃的行为。

手工做汇总表有两种情况：第一种是只有分类汇总表，没有源数据表。此类汇总表的制作工艺 100% 靠手工，有的用计算器算，有的直接在汇总表里算，还有的在纸上打草稿。总而言之，每一个汇总数据都是用键盘敲进去的。算好填进表格的也就罢了，反正也没想找回原始记录。在汇总表里算的，好像有点儿源数据的意思，但仔细推敲又不是那么回事儿。经过一段时间，公式里数据的来由我们一定会完全忘记。

第二种是有源数据表，并经过多次重复操作做出汇总表，操作步骤为：按字段筛选，选中筛选出的数据；目视状态栏的汇总数；切换到汇总表；在相应单元格填写汇总数；重复以上所有操作一百次。其间，还会发生一些小插曲，例如，选择数据时有遗漏，填写时忘记了汇总数，切换时无法准确定位汇总表。长此以往，在一次又一次与表格的激烈"战斗"中，我们会心力交瘁，败下阵来。

分类汇总表有几个层次。初级是一维汇总表，仅对一个字段进行汇总，比如，求每个月的请假总天数。中级是二维一级汇总表，对两个字段进行汇总，是最常见的分类汇总表。此类汇总表既有标题行，也有标题列，在横纵坐标的交集处显示汇总数据，比如，求每个月每位员工的请假总天数，月份为标题列，员工姓名为标题行，在交叉单元格处得到某员某月的请假总天数。高级是二维多级汇总表，对两个以上字段进行汇总。

5.2 同步训练——实战应用成高手

▶ Excel 的排序、筛选与汇总功能非常强大。下面，给读者介绍一些常用的数据分析与统计的实例，希望读者能跟着我们的讲解，一步一步地做出与书同步的效果。

学习资料

为了方便学习，本节相关实例的素材文件、结果文件，以及同步教学文件可以在配套的光盘中查找，具体内容路径如下。

原始素材文件：光盘\素材文件\第5章\同步训练\	
最终结果文件：光盘\结果文件\第5章\同步训练\	
同步教学文件：光盘\多媒体教学文件\第5章\同步训练\	

案例 01 对家电销售表进行排序

☕ 案例效果

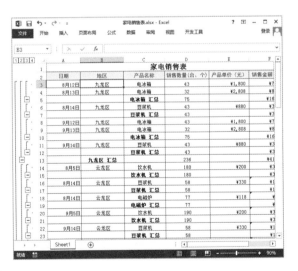

⌨ 制作分析

本例难易度	制作关键	技能与知识要点
★☆☆☆☆	排序是对数据进行重新组织排列的一种方式，数据的排序是根据数据表格中的相关字段名。 本例先打开家电销售表，然后编辑自定义列表，接着按自定义序列对数据进行排序。最后设置分类字段、方式等，对销售表进行多字段的分类汇总	◇ 编辑自定义序列 ◇ 按自定义序列排序 ◇ 执行分类汇总 ◇ 设置分类字段、方式

具体步骤

Step 01 进入"文件"选项卡。打开"家电销售表"工作簿，单击"文件"选项卡，如左下图所示。

Step 02 打开"Excel 选项"对话框。进入"文件"选项卡，单击左侧的"选项"选项，如右下图所示。

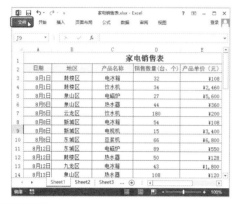 

Step 03 执行"编辑自定义列表"命令。打开"Excel 选项"对话框，选择左侧的"高级"选项，在"常规"选项下单击"编辑自定义列表"按钮，如左下图所示。

Step 04 自定义序列。打开"自定义序列"对话框，在"输入序列"框中输入排序序列，单击"添加"按钮，将输入的序列添加到右侧列表中，单击"确定"按钮，如右下图所示。

Step 05 执行"排序"操作。返回"Excel 选项"对话框，单击"确定"按钮关闭该对话框。选择表格区域内的任意单元格，单击"数据"选项卡，在"排序和筛选"功能组中单击"排序"按钮，如左下图所示。

Step 06 设置排序依据。打开"排序"对话框，设置排序的主要关键字和排序依据；单击"次序"右侧的下拉按钮，在弹出的下拉列表中选择"自定义序列"选项，如右下图所示。

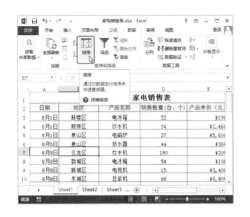

![温馨小提示]

单击"数据"选项卡，在"排序和筛选"功能组中单击"升序"按钮，可以让数据由低到高排列。在"排序和筛选"功能组中单击"降序"按钮，可以让数据由高到低排列。对单列数据进行排序时，只能选择排序关键字段一列中的任意一个单元格，而不能选择一列或一个区域进行排序。如果选择一个单元格区域进行排序，会打开"排序提醒"对话框，询问用户是否扩展排序区域。如果不扩展排序区域，则排序后的表格记录顺序可能会混乱。

Step 07 选择序列。打开"自定义序列"对话框，在左侧的序列列表中选择自定义的序列，单击"确定"按钮，如左下图所示。

Step 08 确认排序依据与序列。返回"排序"对话框，单击"确定"按钮关闭对话框，如右下图所示。

Step 09 成功将销售表按"地区"排序。此时，即可将表格中的数据按自定义的序列进行排序，效果如左下图所示。

Step 10 执行"分类汇总"命令。在"分类显示"功能组中单击"分类汇总"按钮 ![分类汇总]，如右下图所示。

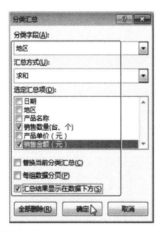

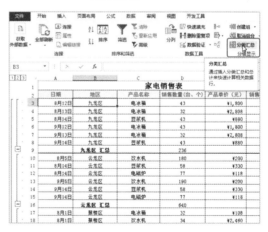

温馨小提示

　　单击"开始"选项卡，在"编辑"功能组中单击"排序和筛选"下拉按钮，在弹出的下拉列表中选择"升序"、"降序"或"自定义排序"命令，也可对数据进行排序操作。

　　要使用分类汇总的工作表必须具备表头名称，因为 Excel 2013 是使用表头名称来决定如何创建数据组，以及如何进行汇总的。

Step 11 设置分类字段、汇总方式。打开"分类汇总"对话框，设置第一个分类字段（排序的主要关键字）、汇总方式和选定汇总项，取消勾选"替换当前分类汇总"复选框，单击"确定"按钮，如左下图所示。

Step 12 再次执行"分类汇总"命令。返回表格，得出分类汇总效果，再次单击"分级显示"功能组中的"分类汇总"按钮，如右下图所示。

Step 13 设置分类字段、汇总方式。再次打开"分类汇总"对话框，重新设置第二个分类字段（排序的次要关键字）、汇总方式和选定汇总项，取消勾选"替换当前分类汇总"复选框，单击"确定"按钮，如左下图所示。

Step 14 得出多字段分类汇总效果。此时,得出对数据进行多字段分类汇总的效果,如右下图所示。

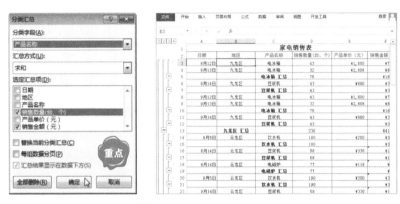

Step 15 隐藏子级别。单击"－"按钮,隐藏子级别,如下图所示。

温馨小提示

1.勾选"分类汇总"对话框中的"每组数据分页"复选框,可以按每个分类汇总自动分页;勾选"汇总结果显示在数据下方"复选框,可以指定汇总行位于明细行的下方。

2.进行分类汇总后,在表格左侧将显示不同级别分类汇总的按钮,原来的工作表会显得很大,有时会造成数据显示不完整,此时可以在不影响表格中数据记录的情况下,取消当前表格的分级显示。打开需取消分级显示的表格,单击"数据"选项卡,在"分级显示"功能组中单击"取消组合"下拉按钮 取消组合，在打开的下拉列表中选择"清除分级显示"命令,即可取消当前表格中的分级显示。

案例 02 分析产品库存明细表

案例效果

制作分析

本例难易度	制作关键	技能与知识要点
★★☆☆☆	库存表是办公中的一种常用表格，用户可以根据库存表的数据对产品进行分析与整理。通过筛选功能快速找到要查看的存货内容；为了快速得出每种产品的合计成本等数据信息，可以使用分类汇总功能。本例先对产品库存明细表进行降序排列，然后设置筛选条件，按存货点进行筛选，最后设置分类汇总选项，对明细表进行分类汇总	◇ 降序排列 ◇ 设置筛选条件 ◇ 设置分类汇总选项

具体步骤

Step 01 执行"排序"命令。选择 H3 单元格，单击"数据"选项卡，在"排序和筛选"功能组中单击"降序"按钮，如左下图所示。

Step 02 执行"筛选"命令。此时，对库存数量按降序排序。选择 D2 单元格，在"排序和筛选"功能组中单击"筛选"按钮，如右下图所示。

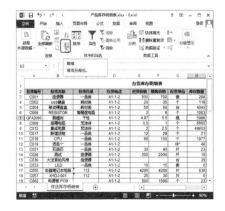
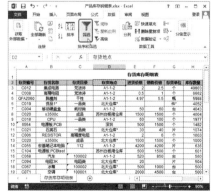

温馨小提示

Excel 2013 可以对数字、文本、颜色、日期或时间等数据进行筛选。在"筛选"下拉菜单中也会根据所选择的需要筛选的单元格数据显示出相应的命令。如单元格区域中的数据为数字时，则在"筛选"下拉菜单中显示出"数字筛选"命令。

Step 03 设置筛选条件。单击"存货地点"右侧的筛选器，取消勾选"全选"复选框，勾选"北大仓库*"复选框，单击"确定"按钮，如左下图所示。

Step 04 显示筛选效果。此时，筛选出存货地点为"北大仓库*"的记录，结果如右下图所示。

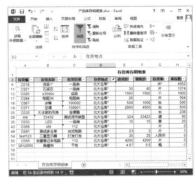

温馨小提示

如果需要对自动筛选后的数据进行进一步的操作，就需要自定义筛选。自定义筛选即在自动筛选后的需要自定义的表头字段名右侧单击下拉按钮▼，在弹出的下拉列表中选择相应的命令确定筛选条件，并在打开的"自定义自动筛选方式"对话框中进行相应设置即可。

Step 05 执行"排序"命令。将鼠标定位至 C2 单元格；单击"数据"选项卡，在"排序和筛选"功能组中单击"升序"按钮 ↓，如左下图所示。

Step 06 执行"分类汇总"命令。选择 A2:K57 单元格区域，在"分级显示"功能组中单击"分类汇总"按钮 分类汇总，如右下图所示。

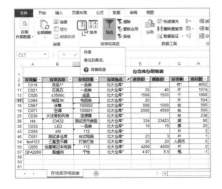
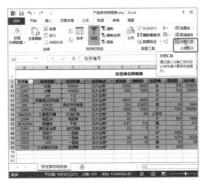

Step 07 设置分类汇总选项。打开"分类汇总"对话框，在"分类字段"下拉列表框中选择"存货目录"选项；在"汇总方式"下拉列表框中选择"求和"选项；在"选定汇总项"列表框中勾选"合计成本"和"预计利润"复选框；单击"确定"按钮，如左下图所示。

Step 08 显示分类汇总效果。此时，按"存货目录"的分类字段对"合计成本"和"预计利润"进行求和汇总，效果如右下图所示。

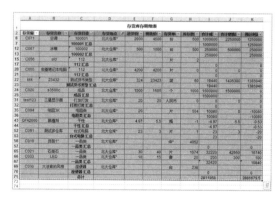

 温馨小提示

分类汇总查看完毕后，有时还需要删除分类汇总，使数据恢复到分类汇总前的状态。此时单击"数据"选项卡，在"分级显示"功能组中单击"分类汇总"按钮 分类汇总 ，在打开的"分类汇总"对话框中单击 全部删除(R) 按钮，即可删除表格中创建的分类汇总。

案例 03 分析汽车销售报表

案例效果

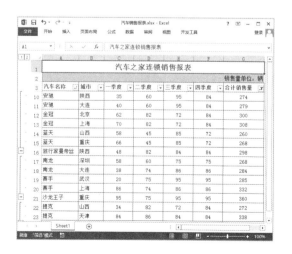

 **制作分析**

本例难易度	制作关键	技能与知识要点
★★☆☆☆	根据汽车年销售的记录进行分析，为新一年制作出更好的统计预计，创造更大的价值。 　本例中先应用多条件排序，排序报表，然后设置数据筛选条件，最后创建组，并隐藏组中的记录	◈ 添加多个排序条件 ◈ 设置筛选条件 ◈ 创建组

具体步骤

Step 01 执行"排序"命令。选择要参与排序的单元格区域，在"排序和筛选"功能组中单击"排序"按钮 ，如左下图所示。

Step 02 设置排序条件。打开"排序"对话框，在"主要关键字"中设置排序条件；单击"添加条件"按钮，设置"次要关键字"条件，选择"次序"为"降序"，如右下图所示。

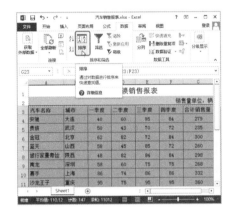

温馨小提示

　　在"排序"对话框中单击"添加条件"按钮，可依次添加次要关键字；在"排序依据"栏的下拉列表框中可以选择数值、单元格颜色、字体颜色和单元格图标等作为对数据进行排序的依据；单击"删除条件"按钮，可删除添加的关键字；单击"复制条件"按钮，可复制在"排序"对话框的下拉列表框中选择已经设置的排序条件，只是通过复制产生的条件都属于次要关键字。

Step 03 设置次要关键字。单击"添加条件"按钮，设置"次要关键字"条件，单击"确定"按钮，如左下图所示。

Step 04 显示排序结果。此时，即可得出排序效果，如右下图所示。

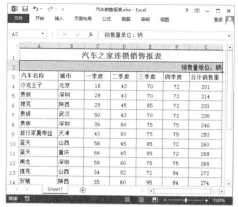

温馨小提示

对表格中多个字段进行排序时，首先要满足主要关键字，当主要关键字中有相同数据时，才会按次要关键字进行排序。

Step 05 执行"筛选"命令。选择 A3:G3 单元格区域，在"排序和筛选"功能组中单击"筛选"按钮，如左下图所示。

Step 06 选择"大于或等于"筛选条件。单击"合计销售量"右侧的筛选器，在弹出的下拉列表中选择"数字筛选"命令,在弹出的下一级列表中选择"大于或等于"命令，如右下图所示。

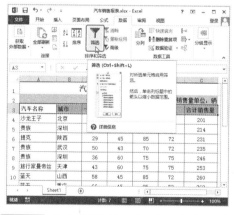

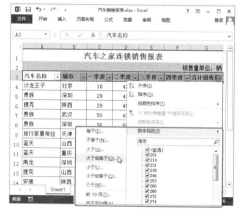

Step 07 输入条件值。打开"自定义自动筛选方式"对话框，在"大于或等于"数值框中输入条件值，单击"确定"按钮，如左下图所示。

Step 08 显示筛选结果。此时，即可在本工作表中筛选出合计销售量大于或等于 260 的记录，如右下图所示。

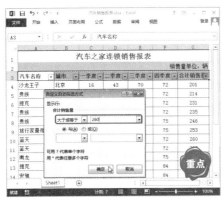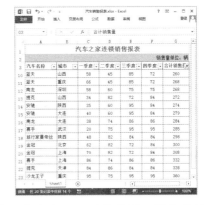

Step 09 对"汽车名称"字段进行排序。在工作表中，可以将类型一样的行创建为一个组。例如，在汽车销售报表中对相同汽车名称的记录创建组。将鼠标定位至 A3 单元格,在"排序和筛选"功能组中单击"升序"按钮,如左下图所示。

Step 10 执行创建组的操作。选择第 10 和 11 行,在"分级显示"功能组中单击"创建组"按钮，如右下图所示。

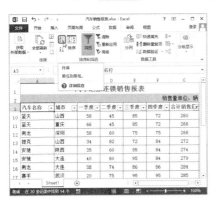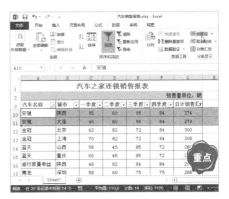

Step 11 重复执行创建组的操作。重复第 10 步操作,对需要建立组的记录进行创建,单击"□"按钮,如左下图所示。

Step 12 隐藏组中记录。将组中记录隐藏起来,继续单击"□"按钮,隐藏记录,如右下图所示。

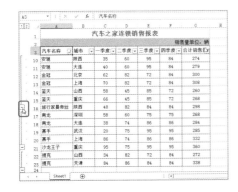

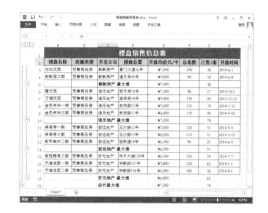

温馨小提示

将组中明细数据进行隐藏后。可以再次单击显示明细数据，依次单击创建组左上角的"1"、"2"……按钮，相继显示明细数据。

案例 04 管理楼盘销售信息表

案例效果

制作分析

本例难易度	制作关键	技能与知识要点
★★☆☆☆	根据楼盘销售信息，对当前市场进行分析，是销售人员的重要工作之一。本例管理楼盘销售信息表，首先对销售数据进行排序，然后进行高级筛选，查看销售情况，最后清除筛选，分类汇总数据	◈ 按笔画排序 ◈ 设置筛选条件 ◈ 清除筛选 ◈ 设置分类汇总

具体步骤

Step 01 执行"排序"命令。打开"楼盘销售信息表"工作簿，选择"开发公司"文本所在的 C2 单元格，单击"数据"选项卡，在"排序和筛选"功能组中单击"排序"按钮 🔼，如左下图所示。

Step 02 设置排序关键字。打开"排序"对话框，设置排序的主要关键字、排序依据及次序，如右下图所示。

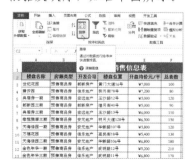

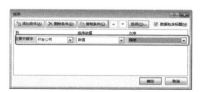

Step 03 设置排序方向与方法。在"排序"对话框中单击"选项"按钮，在弹出的"排序选项"对话框中选中"笔画排序"单选按钮，单击"确定"按钮，如左下图所示。

Step 04 确认排序条件。返回"排序"对话框，单击"确定"按钮，如右下图所示。

Step 05 得出排序结果。此时，即可将信息表按开发公司名称的笔画进行降序排列显示，如左下图所示。

Step 06 执行高级筛选操作。在 D16 和 D17 单元格中分别输入筛选条件，选择 E3 单元格，在"排序和筛选"功能组中单击"高级"按钮 ，如右下图所示。

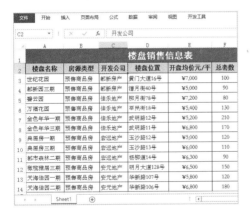
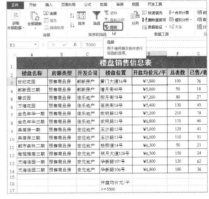

温馨小提示

　　在"排序和筛选"功能组中单击"高级"按钮之前，若选择的是空单元格，则打开的"高级筛选"对话框的"列表区域"文本框中将会显示空白。

Step 07 执行条件区域展开命令。打开"高级筛选"对话框，在"列表区域"文本框中显示需进行筛选的范围，保持默认设置不变；在"条件区域"右侧单击 按钮，如左下图所示。

Step 08 选择条件区域。拖动鼠标在工作表中选择条件区域，单击"返回"按钮，如右下图所示。

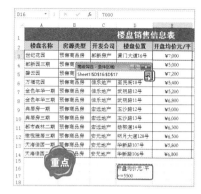

Step 09 确定筛选。返回"高级筛选"对话框，确认列表区域和条件区域无误后，单击"确定"按钮，如左下图所示。

Step 10 得出满足筛选条件的结果信息。此时，即可将列表区域中符合筛选条件的数据复制到目标单元格中，效果如右下图所示。

温馨小提示

在"高级筛选"对话框的"列表区域"和"条件区域"文本框中，除了可以通过鼠标拖动法选择所需区域外，还可以直接在文本框中输入。

Step 11 清除筛选。若不再需要筛选值时，可以执行"清除"命令，清除当前数据范围的筛选和排序状态。区域、条件与位置设置完成后，单击"确定"按钮，如左下图所示。

Step 12 执行"分类汇总"命令。选择"开发公司"文本所在的 C2 单元格，单击"分级显示"功能组中的"分类汇总"按钮 分类汇总 ，如右下图所示。

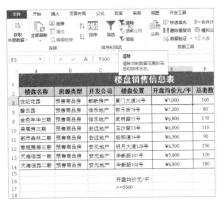

Step 13 设置分类字段、汇总方式。打开"分类汇总"对话框，在"分类字段"下拉列表框中选择"开发公司"选项，在"汇总方式"下拉列表框中选择"最大值"选项，在"选定汇总项"列表框中勾选"开盘均价元/平"和"已售/套"复选框，单击"确定"按钮，如左下图所示。

Step 14 查看分类汇总效果。此时各房产开发公司"开盘均价"和"已售"的最大值都分类显示在相应的类别中，如右下图所示。

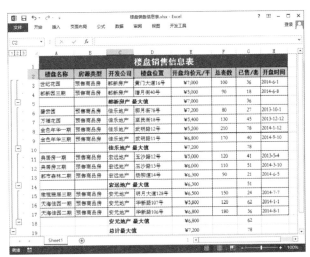

温馨小提示

　　如果需要对当前的分类汇总进行修改，只需再次打开"分类汇总"对话框，对字段、方式及汇总项进行重新设置即可。

案例 05 筛选企业产值

案例效果

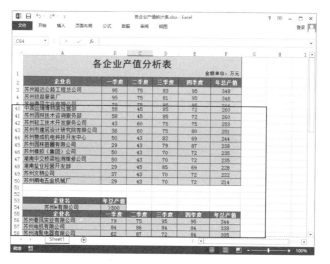

制作分析

本例难易度	制作关键	技能与知识要点
★★★☆☆	要评判销售带来的利益，就需要对销售过程中产生的各种数据进行单独分析。本例筛选企业产值。首先对数据进行排序，然后设置筛选条件，对产值进行高级筛选，最后将筛选出的产值复制到指定位置	◇ 执行降序操作 ◇ 设置筛选条件 ◇ 执行筛选操作 ◇ 将筛选值复制到指定位置

具体步骤

Step 01 执行"排序"命令。选中工作表中任意单元格，单击"数据"选项卡，在"排序和筛选"功能组中单击"排序"按钮，如左下图所示。

Step 02 设置排序依据。打开"排序"对话框，设置"主要关键字"为"年总产值"，"排序依据"为"数值"，"次序"为"降序"，单击"确定"按钮，如右下图所示。

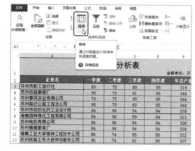

Step 03 得出排序结果。此时，即可将各企业产值分析表按年总产值由高到低进行排序显示，如左下图所示。

Step 04 执行高级筛选操作。在"排序和筛选"功能组中单击"高级"按钮 ▼高级，如右下图所示。

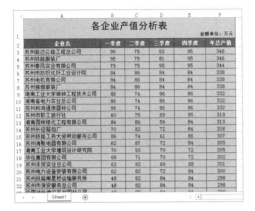

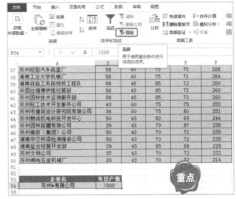

温馨小提示

在自定义条件时，如果要筛选出多个条件都有相同的字符，可以在字符前或字符后使用 * 号，然后筛选，就能将包含该字符的所有记录筛选出来。

Step 05 执行列表区域展开命令。打开"高级筛选"对话框，在"列表区域"右侧单击 按钮，如左下图所示。

Step 06 选择列表区域。拖动鼠标选择列表区域，单击 按钮返回，如右下图所示。

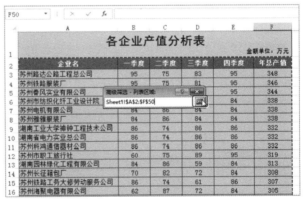

Step 07 执行条件区域展开命令。在"条件区域"右侧单击 按钮，如左下图所示。

Step 08 选择条件区域。拖动鼠标选择条件区域，单击 按钮返回，如右下图所示。

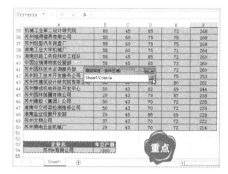

Step 09 执行复制到展开命令。在"方式"选项组中选中"将筛选结果复制到其他位置"单选按钮，在"复制到"右侧单击 按钮，如左下图所示。

Step 10 选择筛选结果存放位置。在工作表中单击选择筛选结果存放的起始单元格，单击 按钮，如右下图所示。

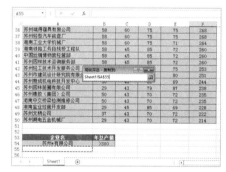

Step 11 确定筛选。区域、条件与位置设置完成后，单击"确定"按钮，如左下图所示。

Step 12 得出符合筛选条件的企业信息。此时，即可将列表区域中符合筛选条件的数据复制到目标单元格中，效果如右下图所示。

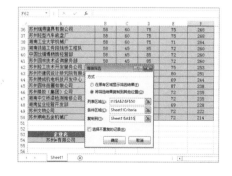

温馨小提示

在工作表中进行筛选时，如果不能明确指定筛选的条件时，可以使用通配符替换要筛选的字符。通配符的使用方法同查找与替换的方法一样，其中，问号"?"（半角）只代表一个字符，星号"*"代表任意多个连续的字符。

本章小结

　　本章以案例的形式介绍了 Excel 数据分析与处理的相关知识，主要是通过排序、筛选、分类汇总、分组和条件格式功能对数据进行归类处理。相信读者已经掌握好表格数据统计分析方面的相关基础知识。只有从根本上掌握案例的操作技能，才能灵活应用于实际工作中。

06 图表上谈数据
——图表的创建与应用

■ 本章导读

> 在 Excel 中，利用图表不仅可以突出表格数据间那些细微的、不易阅读的差别，而且可以用不同的图表类型加以表现和突出，从而帮助管理者提高数据的利用率。本章主要向用户介绍如何创建图表、编辑图表和图表的实用操作技巧等相关内容。

■ 案例展示

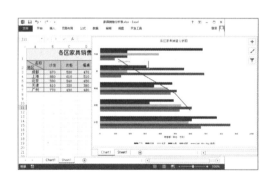

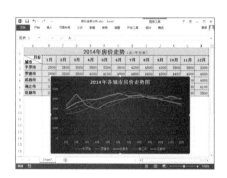

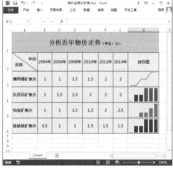

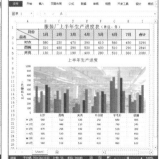

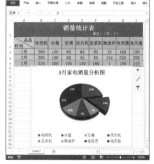

6.1 知识链接——图表知识

▶ 图表,是指将表格中的数据以图形化的方式进行显示。在创建图表前,必须要有表格数据。下面简单介绍一下图表的作用以及如何挑选图表样式。

主题 01　图表的作用在哪儿

有句话叫"一图抵千言"。在读图时代的今天,数据图表以其直观、形象的优点,能一目了然地反映数据的特点和内在规律,能在较小的空间里承载较多信息。

"文不如表,表不如图",也是指人们在工作过程中,能用表格反映的就不要用文字,能用图反映的就不要用表格。

所以,制作一份精美、外观专业的图表,能轻松地起到以下三个方面的作用。

(1)有效传递信息,促进沟通

这也是我们运用图表的首要目的,提示数据内在规律,帮助理解商业数据,利于决策分析。

(2)塑造可信度

一份粗糙的图表会让人怀疑其背后的数据是否准确,而严谨专业的图表则会给人以信赖感,提高数据和报告的可信度,从而为商务报告大大增色。

(3)体现专业化

传递专业、敬业、值得信赖的企业形象。专业的图表会让文档或演示引人注目,不同凡响,极大提升了职场核心竞争力,为个人发展加分,为成功创造机会。

主题 02　图表是由哪些元素构成的

图表主要有以下几个部分(见下图):

① 标题。标题可以分成两个部分,图表标题和信息标题。例如,图表标题为"甲产品的市场需求",再通过"信息标题"指出图表想要表达的核心内容。又如"对甲产品的需求在过去 5 年已经增长了 2 倍多",这样才能保证图表所要传达的信息和受众理解的一致。如果标题只有一个,那么必须是信息标题。

② 单位。当有具体数据时,一定要有单位,如果单位带有数据格式符,例如百分号(%)、千分号(‰)时,一定要显示出来。

③ 背景色和网格线。背景色和网格线的本意是帮助观众浏览图表,但如果设置不当,反而会干扰观众对图表的查看,所以尽量不要使用网格线,将背景色设置为白色。

④ 数据或资料来源。商业化场合一定要体现数据严谨性的基本要求，如果数据是自己得出来的，也要写上相关文字加以说明，如"××分析综合"之类。

⑤ 注释。特别说明或大家看不懂的东西可以用注释，一般注释会用星号（*）开头。

⑥ 图例。图例不一定要有，但前提是观众能看懂，否则还是显示图例好一点。在使用图例时，最好不要使用边框，这样感觉更具整体性。

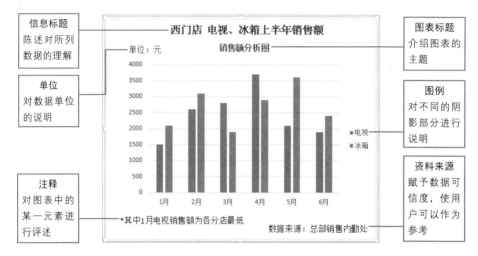

主题 03 根据数据分析需求选择合适的图表

Excel 2013 提供了柱形图、折线图、饼图、条形图、XY（散点图）和股价图等 10 多种标准类型图表。用户可以为不同的表格数据选择最合适和最有意义的图表类型来进行显示，使信息突出显示，帮助评价数据和对不同值进行比较，让图表更具有阅读价值。

1. 图表的类型

在选择图表之前，需要对常用的图表类型进行了解。

（1）柱形图

柱形图用于显示一段时间内的数据变化或说明各项之间数据的比较情况。它强调一段时间内类别数据值的变化，因此，在柱形图中，通常沿水平轴组织类别，而沿垂直轴组织数值，如左下图所示。

（2）条形图

条形图用于显示各项目之间数据的差异，常应用于轴标签过长的图表的绘制中，以免出现柱形图中对长分类标签省略的情况。条形图中显示的数值是持续型的，效果如右下图所示。

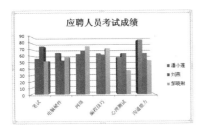 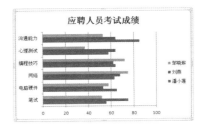

（3）饼图

饼图用于显示一个数据系列中各项的大小与各项总和的比例。饼图中的数据点显示为整个饼图的百分比，如左下图所示。它只显示一个数据系列的数据比例关系，如果有几个数据系列同时被选中，将只显示其中的一个系列。

（4）圆环图

类似饼图，圆环图也用来显示部分与整体的关系，但是圆环图可以含有多个数据系列。圆环图中的每个环代表一个数据系列。圆环图包括闭合式圆环图和分离式圆环图。圆环图的效果如右下图所示。

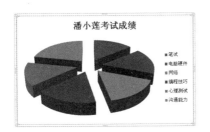 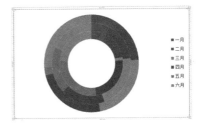

（5）折线图

折线图可以显示随时间而变化的连续数据（根据常用比例设置），它强调的是数据的时间性和变动率，因此非常适用于显示在相等时间间隔下数据的变化趋势。在折线图中，类别数据沿水平轴均匀分布，所有的值数据沿垂直轴均匀分布，如左下图所示。

（6）散点图

类似折线图，散点图可以显示单个或多个数据系列中各数值之间的关系，或者将两组数字绘制为 xy 坐标的一个系列。散点图有两个数值轴，沿横坐标轴（ x 轴）方向显示一组数值数据，沿纵坐标轴（ y 轴）方向显示另一组数值数据。散点图将这些数值合并到单一数据点并按不均匀的间隔或簇来显示它们，如右下图所示。散点图通常用于显示和比较成对的数据。

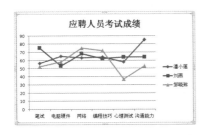 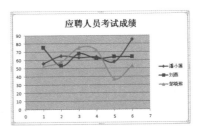

（7）气泡图

气泡图是一种特殊类型的 *XY* 散点图。数据标记的大小标记出数据组中第三个变量的值。在组织数据时，应将 *X* 值放置于一行或一列中，然后在相邻的行或列中输入相关的 *Y* 值和气泡大小。气泡图包括二维气泡图和三维气泡图。气泡图的效果如左下图所示。

（8）股价图

股价图经常用来显示股价的波动，如右下图所示。不过，这种图表也可用于科学数据。例如，可以使用股价图来显示每天或每年温度的波动。股价图数据在工作表中的组织方式非常重要，必须按正确的顺序组织数据才能创建股价图。

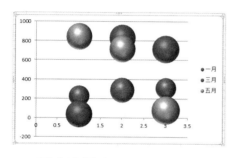
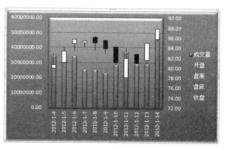

2. 图表选择法

无论是在 PPT 中，还是在其他的数据分析统计中，柱形图、条形图、饼图和折线图使用的频率是最高的，下面对这些图表使用时的注意事项进行介绍。

（1）排序数据勿用饼图

排序数据主要体现的是数据大小，排列具有先后性，最理想的选择是柱形图和条形图，千万不能使用饼图，因为它可以从图表中的任意一部分开始看起，无法体现出有序性。

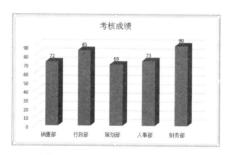
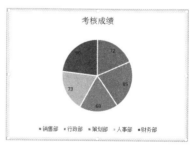

上面左侧的幻灯片看一眼便可知晓财务部在该年度的公司考核中综合成绩最好，而右侧的幻灯片如果不仔细查看各个数据，光看图表几乎是不可能了解各个部门的具体排名的。

（2）分成数据勿用条形图

分成数据是将一个整体分为多个部分。比如你与他人共分一笔钱，你肯定想知道自己所得部分占了多大的比例，如果使用条形图或柱状图则无法体现，所以在制作分成数据图表时最好选用饼图。

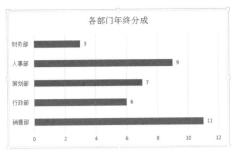

上面左侧的幻灯片可以非常直观地了解各个部门分成占总体的大致比例，而右侧的幻灯片则只能了解哪个部门分成多，哪个部门分成少。

（3）趋势数据应用折线图

在所有图表中，折线图是最能体现出一个事物走势的图表，因为它的元素比较单一，不会扰乱观众思维，反而会引导观众的视线集中在线条的走向上面，如左下图所示。很多人在制作趋势数据图表时还喜欢使用柱形图，虽然柱形图也能表现出数据的高低起伏，但观看者更多的是注意数据量，而忽略数据走势，如右下图所示。

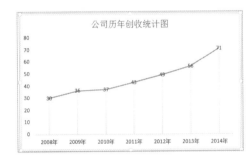

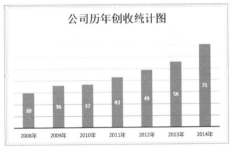

6.2 同步训练——实战应用成高手

▶ Excel图表让表格数据外观专业、类型简洁、观点明确以及细节完美。下面，给读者介绍一些常用数据图表的制作与设置，希望读者能跟着我们的讲解，一步一步地做出与书同步的效果。

学习资料

为了方便学习，本节相关实例的素材文件、结果文件，以及同步教学文件可以在配套的光盘中查找，具体内容路径如下。

原始素材文件：光盘\素材文件\第6章\同步训练\
最终结果文件：光盘\结果文件\第6章\同步训练\
同步教学文件：光盘\多媒体教学文件\第6章\同步训练\

案例 01 生成条形图分析各区家具销量

案例效果

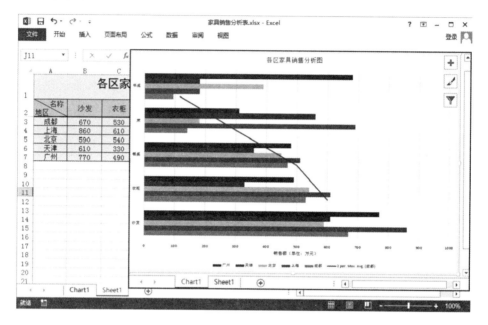

制作分析

本例难易度	制作关键	技能与知识要点
★★☆☆☆	条形图主要用于显示各项目之间数据的差异。本例先选择家具数据创建二维条形图，然后添加坐标标题并调整图表整体大小，再更改图表颜色，添加移动平均趋势线，并设置趋势线格式，最后移动图表至新工作表	◇ 创建二维条形图 ◇ 添加坐标标题 ◇ 调整图表大小 ◇ 更改图表颜色 ◇ 添加趋势线 ◇ 设置趋势线格式 ◇ 移动图表至新工作表

具体步骤

Step 01 创建二维条形图。选择表格数据区域 A2:F7，单击"插入"选项卡，在"图表"功能组中单击"条形图"下拉按钮 ，在弹出的下拉列表选择所需的二维条形图，如左下图所示。

Step 02 显示图表并查看具体数据。此时，即可为选择的数据区域创建一个二维条形图，将鼠标指针指向某个系列，即会显示出具体数据，如右下图所示。

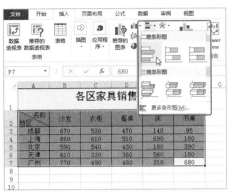
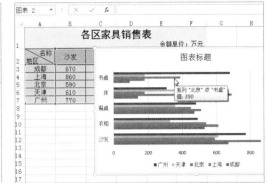

Step 03 输入表格标题文本。在图表标题文本框中输入标题文本，如左下图所示。

Step 04 添加主要横坐标标题。选择图表，单击"图表工具-设计"选项卡，在
"图表布局"功能组中单击"添加图表元素"下拉按钮 ＋添加图表元素▼，在
弹出的下拉列表中选择"轴标题"命令，在弹出的下一级列表中选择"主
要横坐标轴"命令，如右下图所示。

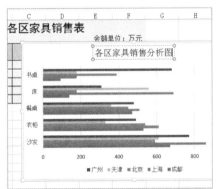
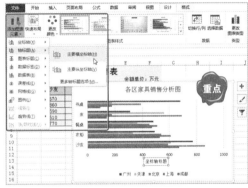

Step 05 输入横坐标轴标题。在坐标轴标题文本框中输入文本，将鼠标指针指向
图表下边框，如左下图所示。

Step 06 拖动外边框调整图表大小。向下方拖动鼠标，将图表的高度进行调整，
如右下图所示。

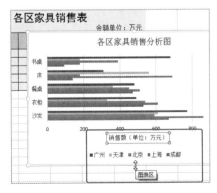
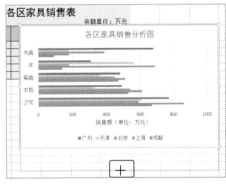

温馨小提示

在调整图表大小时，图表的各组成部分也会随之调整大小。若不满意图表中某个组成部分的大小，也可以选择对应的图表对象，用相同的方法对其大小单独进行调整。

Step 07 更改图表颜色。选择图表，单击"图表工具 - 设计"选项卡，在"图表样式"功能组中单击"更改颜色"下拉按钮，在弹出的下拉列表中选择"颜色 4"，如左下图所示。

Step 08 选择添加移动平均趋势线。选择图表，单击"图表工具 - 设计"选项卡，在"图表布局"功能组中单击"添加图表元素"下拉按钮 添加图表元素 ，在弹出的下拉列表中选择"趋势线"命令，在弹出的下一级列表中选择"移动平均"命令，如右下图所示。

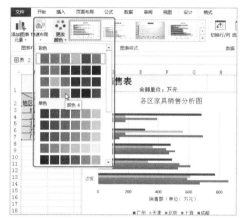
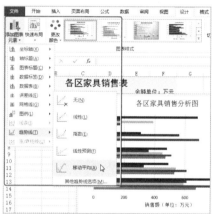

Step 09 选择需要添加趋势线的地区。弹出"添加趋势线"对话框，选择趋势线基于的系列"成都"，单击"确定"按钮，如左下图所示。

Step 10 执行"设置趋势线格式"命令。选中添加的趋势线，右击，在弹出的快捷菜单中选择"设置趋势线格式"命令，如右下图所示。

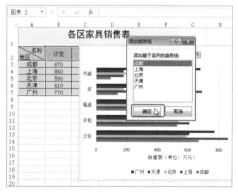
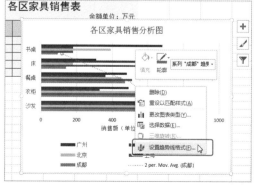

Step 11 设置趋势线格式。打开"设置趋势线格式"窗格，在"线条"选项下设置颜色、宽度、复合类型，完成后单击"关闭"按钮，如左下图所示。

Step 12 单击"移动图表"按钮。选择图表，单击"图表工具-设计"选项卡，在"位置"功能组中单击"移动图表"按钮，如右下图所示。

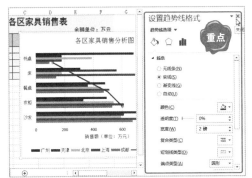
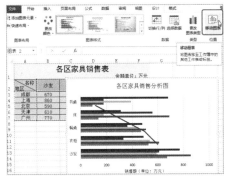

Step 13 移动图表至新工作表。在弹出的"移动图表"对话框中，选中"新工作表"单选按钮，单击"确定"按钮，如左下图所示。

Step 14 转换为工作表图表。此时，即可将当前的嵌入式图表转换为工作表图表，如右下图所示。

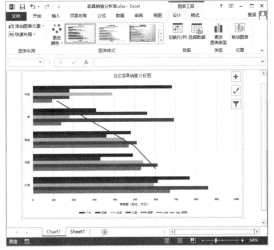

温馨小提示

选择当前工作表中需要创建图表的数据区域，按【F11】键可快速在当前工作表中创建柱形图表。再按一次【F11】键，可将图表从当前工作表移动至新工作表 Chart1 中。

案例 02 生成饼图分析当月各产品销量

案例效果

制作分析

本例难易度	制作关键	技能与知识要点
★★☆☆☆	饼图通常用于显示一个数据系列中各项的大小与各项总和的比例。本例先选择数据源创建 3 月家电销量饼图，添加数据标签并设置标签格式，将饼图中靠近零值的数据标签隐藏，然后设置图表样式，调整图表大小，最后分离饼图	◈ 对不连续数据区域创建饼图 ◈ 添加数据标签 ◈ 设置标签格式 ◈ 隐藏饼图中靠近零值的数据标签 ◈ 设置图表样式 ◈ 调整图表大小 ◈ 分离饼图扇区

具体步骤

Step 01 执行创建 3 月家电销量饼图操作。选中品名行与 3 月销售数据行，单击"插入"选项卡，在"图表"功能组中单击"饼图"下拉按钮 ⚫▾，在弹出的下拉列表中选择"三维饼图"选项，如左下图所示。

Step 02 得到 3 月家电销量饼图。此时，即可得到 3 月家电销量数据饼图，如右下图所示。

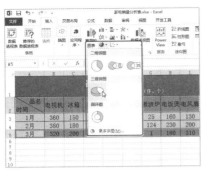 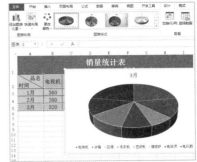

Step 03 添加数据标签。单击图表区域，将图表选中右击，在弹出的快捷菜单中选择"添加数据标签"命令，在弹出的下一级列表中选择"添加数据标签"命令，如左下图所示。

Step 04 执行"设置数据标签格式"命令。在任意数据标签处单击，将所有数据标签选中右击，在弹出的快捷菜单中选择"设置数据标签格式"命令，如右下图所示。

 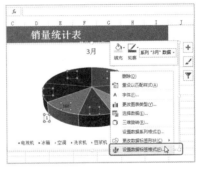

Step 05 设置标签项为百分比。打开"设置数据标签格式"窗格，在"标签包括"下方取消勾选"值"复选框，勾选"百分比"复选框，如左下图所示。

Step 06 隐藏饼图中靠近零值的数据标签。单击展开下方的"数字"选项，在"类别"下拉列表框中选择"自定义"选项，在"格式代码"文本框中输入"[<0.01]"";0%"，单击"添加"按钮，将其添加到"类别"下拉列表框中，单击"关闭"按钮，如右下图所示。

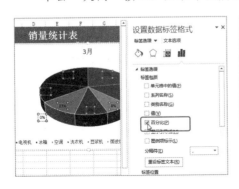 

![温馨小提示]

"[<0.01]"";0%" 自定义格式代码的含义是，当数值小于 0.01 时则不显示。

在"设置数据标签格式"窗格中输入"[<0.01]"";0"时，双引号（""）必须为英文状态，否则设置的效果会以""出现在 0 值位置上。

Step 07 设置图表样式。选择图表，单击"图表工具 - 设计"选项卡，在"图表样式"功能组中单击"其他"按钮，在打开的样式列表中选择"样式 9"，如左下图所示。

Step 08 设置图例字号。为了让图例更醒目，可以将图例字号放大。选中图例文本框，在"字体"功能组中单击"字号"下拉按钮，将原本的 9 号设置为 12 号，如右下图所示。

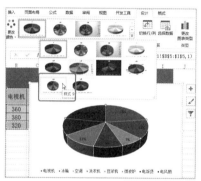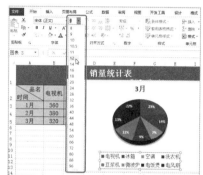

Step 09 拖动调整图表大小。将鼠标指针指向图表下边框，向下拖动调整图表，将图表整体放大，便于查看数据，如左下图所示。

Step 10 执行拖动扇区操作。在需要分离的扇区处连续单击两次，即可将该扇区单独选中，按住鼠标左键不放向外拖动，如右下图所示。

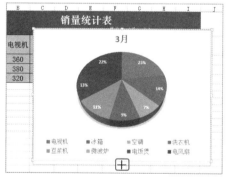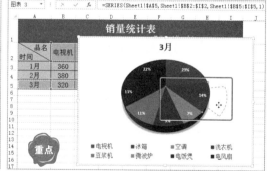

Step 11 显示分离扇区后的效果。此时，即可将拖动的扇区与整体饼图分离开来，如左下图所示。

Step 12 更改图表标题。最后完善图表标题，选中图表标题框，重新输入标题文本即可，如右下图所示。

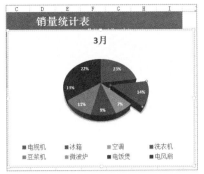

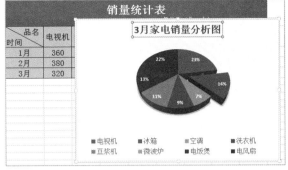

案例 03　生成柱形图分析产品生产进度

案例效果

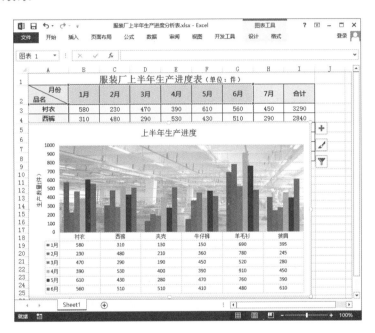

制作分析

本例难易度	制作关键	技能与知识要点
★★☆☆☆	柱形图通常用于显示一段时间内的数据变化或说明各项之间数据的比较情况。 　　本例首先创建二维簇状柱形图，接着切换图表行 / 列数据显示，然后删除图表中多余的数据系列，再插入图片填充绘图区并删除网络线，最后更改图表布局	◇ 创建柱形图 ◇ 切换行 / 列 ◇ 更改图表数据 ◇ 插入图片填充绘图区 ◇ 删除网格线 ◇ 更换图表布局

具体步骤

Step 01 执行创建二维柱形图操作。选中需要创建图表的数据区域，单击"插入"选项卡，在"图表"功能组中单击"柱形图"下拉按钮 📊，在弹出的下拉列表中选择簇状柱形图，如左下图所示。

Step 02 根据选择的数据区域得到图表。此时，即会根据选择的数据区域创建出二维簇状柱形图，如右下图所示。

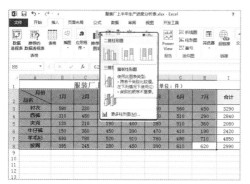 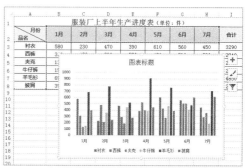

Step 03 执行"切换图表行 / 列"操作。选中图表，单击"图表工具 - 设计"选项卡，在"数据"功能组中单击"切换行 / 列"按钮 📊，如左下图所示。

Step 04 得到行 / 列切换后的效果。此时，即会交换横纵坐标轴上的数据，如右下图所示。

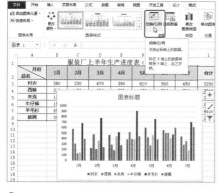 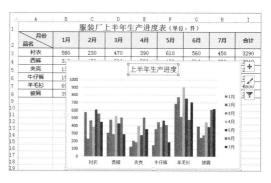

温馨小提示

在图表中如果要对数据的行和列进行切换，图表工作表中必须有源数据，否则不能执行切换操作。

Step 05 执行"选择数据"操作。选择图表，在"数据"功能组中单击"选择数据"按钮 📊，如左下图所示。

Step 06 删除图表中"7月"相关数据。打开"选择数据源"对话框，在"图例项（系列）"选项下勾选"7月"复选框，单击上方的"删除"按钮，单击"确定"按钮，如右下图所示。

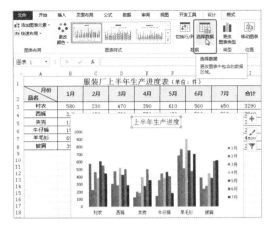

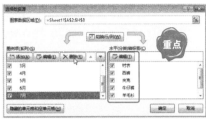

温馨小提示

在图表中如果需要删除某个系列数据，可直接在图表中单击该系列，将其选中，然后按【Delete】键，即可快速删除。

如果图表中缺少某部分数据系列，可以使用复制和粘贴数据的方法进行添加。选择需要添加的数据系列，在"剪贴板"功能组中单击"复制"按钮 [复制·]；右击原始图表，在弹出的快捷菜单中选择"粘贴 [图]"命令，即可在图表中快速粘贴数据系列。

Step 07 图表自动进行调整。调整图表数据源后，图表自动进行调整，如左下图所示。

Step 08 执行"设置绘图区格式"命令。在图表绘图区单击将其选中，然后右击，在弹出的快捷菜单中选择"设置绘图区格式"命令，如右下图所示。

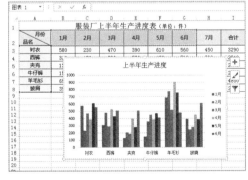

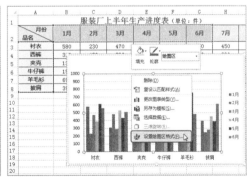

Step 09 设置绘图区格式。打开"设置绘图区格式"窗格，选中"图片或纹理填充"单选按钮，单击"文件"按钮，如左下图所示。

Step 10 插入图片。进入图片源界面，单击"计算机"右侧的"浏览"按钮，在打开的"插入图片"对话框中选择图片，然后单击"插入"按钮，如右下图所示。

Step 11 设置图片透明度。返回"设置绘图区格式"窗格中，设置图片透明度为 70%，单击"关闭"按钮，即可查看到图表的绘图区已填充的图片效果，如左下图所示。

Step 12 删除网格线。选中图表中的网格线右击，在弹出的快捷菜单中选择"删除"命令，如右下图所示。

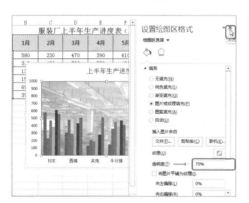
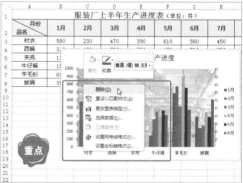

温馨小提示

双击需要设置格式的主要网格线，打开"设置主要网格线格式"窗格，在其中可对网格的线条颜色、线型、阴影以及发光和柔化边缘等属性进行设置。

Step 13 更改图表整体布局。选中图表，单击"图表工具-设计"选项卡，在"图表布局"功能组中单击"快速布局"下拉按钮，在弹出的下拉列表中选择"布局 5"，如左下图所示。

Step 14 输入坐标标题并调整图表大小。即可得到布局 5 效果，在左侧输入坐标轴标题，拖动调整图表大小，如右下图所示。

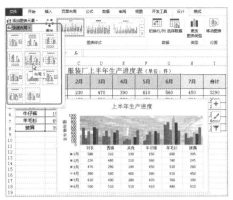
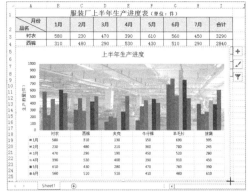

温馨小提示

　　图表都是依附于源数据的，若不小心将源数据删除，图表中的数据就会随之消失。为了避免此种现象可将原始数据表以图片的方式插入图表中。

　　选择数据单元格区域，在"剪贴板"功能组中单击"复制"下拉按钮 ，在弹出的下拉列表中选择"复制为图片"命令，打开"复制图片"对话框，选中"如屏幕所示"和"图片"单选按钮，单击"确定"按钮。再单击"剪贴板"功能组中的"粘贴"按钮 ，将源表格数据粘贴为图片，最后拖动调整图例与图片的位置即可。

案例 04　制作迷你图分析近年物价走势

案例效果

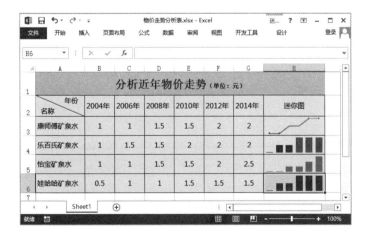

✎ 制作分析

本例难易度	制作关键	技能与知识要点
★ ★ ☆ ☆ ☆	迷你图是工作表单元格中的一个微型图表，可提供数据的直观表示。使用迷你图可以显示数值系列中的趋势。 本例中先创建康师傅矿泉水的折线迷你图，然后创建乐百氏矿泉水的柱形迷你图，再填充怡宝、娃哈哈矿泉水的柱形图，最后设置折线图样式，标记柱形图首尾点	◇ 创建折线迷你图 ◇ 创建柱形迷你图 ◇ 填充迷你图 ◇ 设置折线图样式 ◇ 标记折线图高低点 ◇ 标记柱形图首尾点

🖱 具体步骤

Step 01 执行创建迷你折线图的操作。选中存放"康师傅矿泉水"图表的 H3 单元格，在"迷你图"功能组中单击"折线图"按钮 ，如左下图所示。

Step 02 选择图表数据范围。打开"创建迷你图"对话框，单击"数据范围"右侧的 按钮，拖动选择数据区域，然后单击 按钮返回，单击"确定"按钮，如右下图所示。

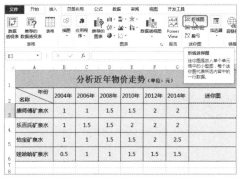

👨‍🏫 温馨小提示

如果需要插入迷你图的单元格和该迷你图的源数据在同一列中，在插入第一个迷你图后，即可按照填充数据的方法快速在其他单元格中插入迷你图。

Step 03 执行创建迷你柱形图操作。选中存放"乐百氏矿泉水"图表的 H4 单元格，在"迷你图"功能组中单击"柱形图"按钮 ，如左下图所示。

Step 04 选择图表数据范围。打开"创建迷你图"对话框，单击"数据范围"右侧的 按钮，拖动选择数据区域，然后单击 按钮返回，单击"确定"按钮，如右下图所示。

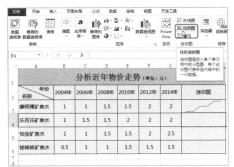

Step 05 填充迷你柱形图表。在"乐百氏矿泉水"对应柱形图单元格右下角向下拖动鼠标，填充"怡宝矿泉水"、"娃哈哈矿泉水"对应的图表单元格，如左下图所示。

Step 06 设置迷你折线图样式。选择 H3 单元格，单击"设计"选项卡，在"显示"功能组中勾选"高点"和"低点"复选框，在"样式"功能组中选择折线图样式，如右下图所示。

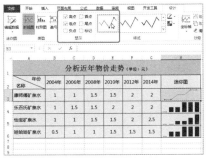

温馨小提示

通过填充方法创建的迷你图会自动构建为一个整体，对其中的某个迷你图进行设置时，其他迷你图也会应用相同的设置。

Step 07 设置迷你折线图线条大小。选中"康师傅矿泉水"折线图表 H3 单元格，在"样式"功能组中单击"迷你图颜色"下拉按钮，在弹出的下拉列表中选择"粗细"命令，在弹出的下一级列表中选择一种线型，如左下图所示。

Step 08 取消柱形图组合。选中"乐百氏矿泉水"柱形图表 H4 单元格，在"分组"功能组中单击"取消组合"按钮，取消与 H5、H6 单元格的组合，如右下图所示。

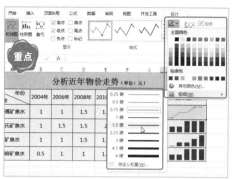

Step 09 设置柱形图高点标记及标记颜色。选中"乐百氏矿泉水"柱形图表 H4 单元格，在"样式"功能组中单击"标记颜色"下拉按钮 ，在打开的下拉列表中选择"高点"命令，在弹出的下一级列表中选择高点标记颜色，如左下图所示。

Step 10 设置柱形图样式。选中"怡宝矿泉水"柱形图表 H5 单元格，在"分组"功能组中单击"取消组合"按钮，取消与 H6 单元格的组合，在"样式"功能组中单击 下拉按钮，选择一种样式，如右下图所示。

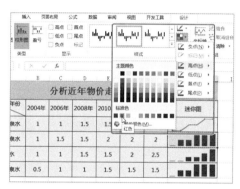
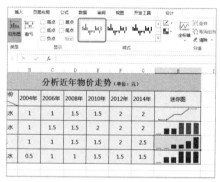

Step 11 标记柱形图首点和尾点。选中"娃哈哈矿泉水"柱形图表 H6 单元格，单击"迷你图工具 - 设计"选项卡，在"显示"功能组中勾选"首点"和"尾点"复选框，显示首尾点，如下图所示。

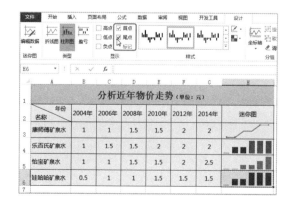

温馨小提示

同样，在"显示"功能组中可以勾选"高点、低点、负点、首点、尾点"复选框，对其进行突出标记。

案例 05　使用折线图分析房价走势

案例效果

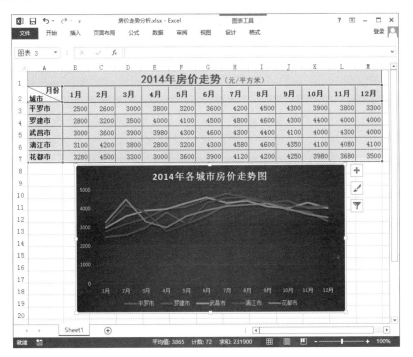

制作分析

本例难易度	制作关键	技能与知识要点
★★★☆☆	折线图是指将同一数据系列的数据点在图上用直线连接起来，以等间隔显示数据的变化趋势。 　本例先创建折线图表，然后重新选择数据源，再添加图表标题，并设置标题样式，接着在图表底部添加图例，并删除网格线，最后重新设置坐标轴刻度值，并更改图表类型，应用图表样式	◈ 创建折线图表 ◈ 重新选择图表源数据 ◈ 添加图表标题 ◈ 设置标题艺术字样式 ◈ 在图表底部添加图例 ◈ 删除网格线 ◈ 重设坐标轴刻度值 ◈ 更改图表类型 ◈ 应用图表样式

具体步骤

Step 01 选择数据。选择需要创建图表的 A2:M3 单元格区域，如左下图所示。

Step 02 执行创造折线图操作。单击"插入"选项卡，在"图表"功能组中单击"折线图"下拉按钮 ⚹ ，在弹出的下拉列表中选择"带标记的堆积折线图"样式，如右下图所示。

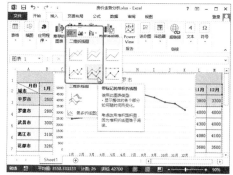

Step 03 执行选择数据的操作。此时，即可创建带标记的堆积折线图。选择图表，单击"设计"选项卡，在"数据"功能组中单击"选择数据"按钮，如左下图所示。

Step 04 在原表中选择创建图表的数据区域。打开"选择数据源"对话框，在"图表数据区域"下拉列表框中选择 A2:M7 单元格区域，单击"确定"按钮，如右下图所示。

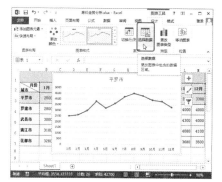

Step 05 显示创建所有城市折线图的效果。此时，即可创建所有城市带标记的堆积折线图，如左下图所示。

Step 06 执行添加图表标题操作。选择图表,单击"图表工具-设计"选项卡,在"图表布局"功能组中单击"添加图表元素"下拉按钮 添加图表元素▾ ，在弹出的下拉列表中选择"图表标题"命令,在弹出的下一级列表中选择"图表上方"命令,如右下图所示。

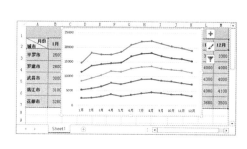
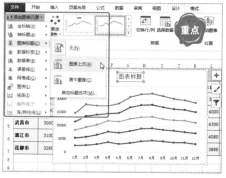

Step 07 输入图表标题。在添加的图表标题文本框中输入标题"2014年各城市房价走势图",如左下图所示。

Step 08 设置艺术字样式标题。选择标题文本框,单击"图表工具-格式"选项卡,在"艺术字样式"列表中选择一种样式,如右下图所示。

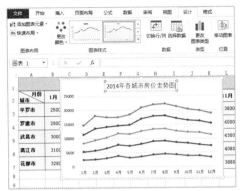 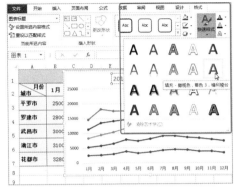

Step 09 在图表底部添加图例。选择图表,单击"图表工具-设计"选项卡,在"图表布局"功能组中单击"添加图表元素"下拉按钮 添加图表元素▾,在弹出的下拉列表中选择"图例"命令,在弹出的下一级列表中选择"底部"命令,在图表底部添加图例,如左下图所示。

Step 10 删除网格线。选中图表中的网格线,然后右击,在弹出的快捷菜单中选择"删除"命令,即可快速删除网格线,如右下图所示。

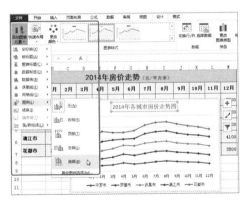 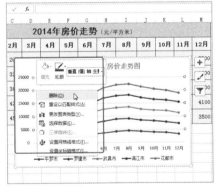

温馨小提示

选中图例后右击,在弹出的快捷菜单中选择"设置图例格式"命令,将打开"设置图例格式"窗格,在窗格中可以设置图例的位置、填充样式、边框颜色、边框样式、阴影效果、发光和柔化边缘效果。

Step 11 执行"设置坐标轴格式"命令。选中坐标轴数据,然后右击,在弹出的快捷菜单中选择"设置坐标轴格式"命令,如左下图所示。

Step 12 输入坐标轴刻度。打开"设置坐标轴格式"窗格，在"坐标轴选项"下设置边界与单位值，单击"关闭"按钮，完成坐标轴刻度的设置，如右下图所示。

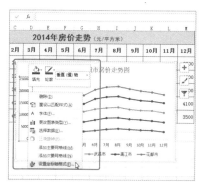

温馨小提示

　　选择的折线图表类型为带数据标记的折线图，因此修改图表刻度按每个月的值进行设置，最终会显示一个城市的折线图。

Step 13 执行"更改图表类型"操作。选中图表，单击"图表工具 - 设计"选项卡，在"类型"功能组中单击"更改图表类型"按钮，如左下图所示。

Step 14 更改折线图类型。打开"更改图表类型"对话框，在"折线图"组中选择"带数据标记的折线图"样式，单击"确定"按钮，如右下图所示。

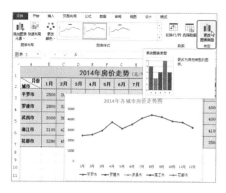

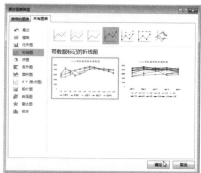

温馨小提示

　　选中图表后右击，在弹出的快捷菜单中选择"更改图表类型"命令，同样也可以打开"更改图表类型"对话框。

　　其实，Excel 还支持一张图表中含有多种图表类型。在图表中右击某一需要更改类型的数据系列，在弹出的快捷菜单中选择"更改系列图表类型"命令，打开"更改图表类型"对话框，选择所需的图表类型，单击"确定"按钮，即可更改该数据系列图表类型。

Step 15 选择内置图表样式。选择图表，单击"图表工具 - 设计"选项卡，在"图表样式"功能组中单击"其他"按钮，在弹出的下拉列表中选择"样式 6"样式，如左下图所示。

Step 16 调整图表大小与位置。选中图表，将鼠标指针移至图表右下角，按住鼠标左键不放拖动调整图表大小，并拖动调整图表所处位置即可，如右下图所示。

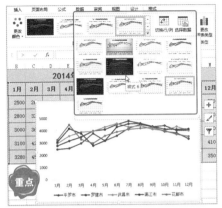

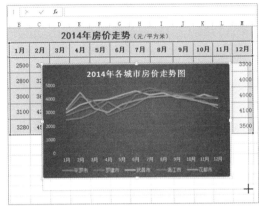

本章小结

　　本章主要为读者讲解使用图表对数据进行分析的相关知识。首先让读者了解了图表的作用、构成元素以及选择图表的方式方法；接着以常用实例制作的方式，从创建图表、编辑图表数据、布局、样式和添加趋势线等多个方面介绍了图表的设置操作。

CHAPTER

07 数据分析利器——数据透视表（图）的应用

■ 本章导读

　　数据透视表是一种对大量数据进行快速汇总和建立交叉列表的交互式表格，也就是一个产生于数据库的动态报告，可以驻留在工作表中或一个外部文件中。数据透视表可以将行或列中的数字转变为有意义的数据表示。数据透视图是数据的另一种表现形式，与数据透视表的不同在于它可以选择适当的图表，并使用多种颜色来描述数据的特性。

■ 案例展示

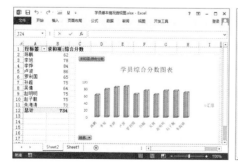

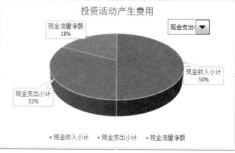

7.1 知识链接——数据透视表与透视图

▶ 在 Excel 中用户可以使用数据透视表（图）两种方式分析来表格数据。使用数据透视表的方式可以使统计者快速对字段进行操作，当源数据表中的数据发生变化时，还可以随时更新数据。数据透视图通常有一个使用相应的布局相关联的数据透视表，两个报表中的字段相互对应，如果更改了某一个报表中的某个字段位置，则另一个报表中的相应字段也会发生改变。

主题 01 数据透视表能做什么

数据透视表是对数据源进行透视，并进行分类、汇总，比较大量的数据筛选，可以达到快速查看原数据不同的统计结果目的。

数据透视表综合了数据的排序、筛选、分类、汇总等常用的数据分析方法，并且可以方便地调整分类、汇总方式，灵活地以多种不同的方式展示数据的特征。

数据透视表最大的优点就是，可以根据数据源的变化而进行变动，并且非常快速和方便。这是函数公式计算表所不能比的优势。

主题 02 数据透视表怎么做

在 Excel 2013 中，数据透视表可以根据表格中已有的数据源，还可以使用外部数据源两种方式进行创建。在 Excel 2010 中用户都是通过创建好数据透视表后添加字段，如左下图所示。而在 Excel 2013 中不仅可以将选中的数据直接创建并添加字段为数据透视表，还将 Excel 2003 版的数据透视表功能添加到推荐数据透视表功能中，直接选中数据，按照提供的透视表样式进行创建即可，如右下图所示所示。

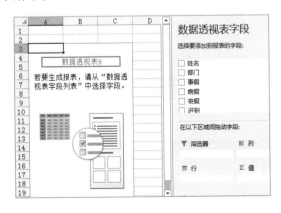

主题 03 数据透视图与普通图表是有区别的

如果你熟悉标准图表，就会发现 Excel 2013 数据透视图中的大多数操作和标准图表中是一样的。但是二者之间也存在以下的差别。

- 交互：对于标准图表，你要为查看的每个数据视图创建一张图表，但它们不交互。而对于数据透视图，只要创建单张图表即可通过更改报表布局或显示的明细数据以不同的方式交互查看数据。

- 源数据：标准图表可直接链接到工作表单元格中。数据透视图可基于相关联的数据透视表中的几种不同数据类型。

- 图表元素：Excel 2013 数据透视图除包含与标准图表相同的元素外，还包括字段和项，可以添加、删除字段和项来显示数据的不同视图。标准图表中的分类、系列和数据分别对应于数据透视图中的分类字段、系列字段和值字段。数据透视图中还可包含报表筛选。而这些字段中都包含项，这些项在标准图表中显示为图例中的分类标签或系列名称。

 7.2

同步训练——实战应用成高手

▶ 在 Excel 中，要对大量的数据进行操作时，可以使用数据透视表的功能快速按需求进行操作得出结果，或者按照筛选出的数据创建数据透视图。首先给读者介绍根据已有的数据创建数据透视表（图）的操作，希望读者能跟着我们的讲解，一步一步地做出与书同步的效果。

学习资料

为了方便学习，本节相关实例的素材文件、结果文件，以及同步教学文件可以在配套的光盘中查找，具体内容路径如下。

	原始素材文件：光盘\素材文件\第 7 章\同步训练\
	最终结果文件：光盘\结果文件\第 7 章\同步训练\
	同步教学文件：光盘\多媒体教学文件\第 7 章\同步训练\

案例 01 创建员工工作绩效评价透视表

☕ 案例效果

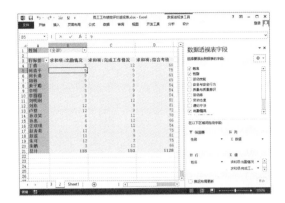

✎ 制作分析

本例难易度	制作关键	技能与知识要点
★★★☆☆	本例主要是介绍根据 Excel 已有的数据源创建数据透视表。首先执行"创建空白数据透视表"的操作，然后为数据透视表添加字段，并拖动调整字段位置，最后为数据透视表添加内置的样式	◇ 执行数据透视表命令 ◇ 为创建的数据透视表添加字段 ◇ 调整字段位置 ◇ 筛选数据透视表字段 ◇ 为制作的数据透视表添加样式

📖 具体步骤

Step 01 启动素材文件并保存至结果文件。打开素材"员工工作绩效评价表"文件，然后将文件另存到结果文件的"案例 01"中。

Step 02 执行插入数据透视表的操作。选择表格中任意单元格，单击"插入"选项卡，单击"表格"功能组中的"推荐的数据透视表"按钮，如左下图所示。

Step 03 选择数据透视表的类型。打开"推荐的数据透视表"对话框，单击"空白数据透视表"按钮，如右下图所示。

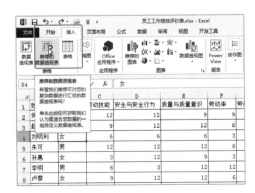

Step 04 为透视表添加字段。经过以上操作，创建的空白数据透视表效果如下图所示，在"数据透视表字段"窗格的"选择要添加到报表的字段"列表中勾选需要添加的字段。

Step 05 调整字段位置。在"行"列表框中将"性别"拖至"筛选器"列表框，如左下图所示。

Step 06 关闭字段窗格。单击"数据透视表字段"窗格右侧的"关闭"按钮×，如右下图所示。

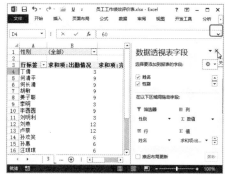

Step 07 筛选"性别"字段。单击"(全部)"右侧的下拉按钮，勾选"选择多项"复选框，勾选"女"复选框，单击"确定"按钮，如左下图所示。

Step 08 显示筛选效果。经过以上操作，显示所有性别为"女"的透视表，如右下图所示。

Step 09　为数据透视表添加样式。选择数据透视表区域，单击"设计"选项卡，单击"数据透视表样式"下翻按钮 ，在弹出的下拉列表中选择需要的样式，如"数据透视表样式中等深浅 28"，如左下图所示。

Step 10　显示应用样式的数据透视表效果。经过上步操作，为数据透视表添加样式，效果如右下图所示。

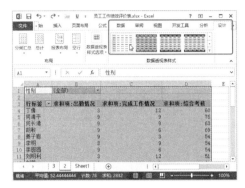 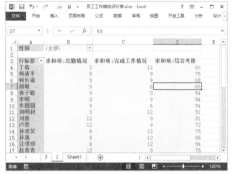

案例 02　创建学员基本情况透视图

案例效果

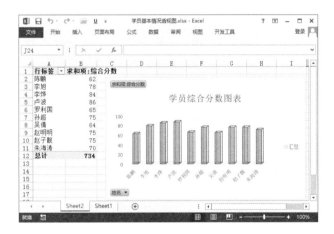

制作分析

本例难易度	制作关键	技能与知识要点
★★★☆☆	本例主要介绍如何根据已有的数据创建数据透视图。在制作本案例时，首先执行插入"数据透视图"命令，再选择数据透视图存放位置，然后为创建的空白数据透视图添加字段，最后设置数据透视图的类型、样式以及更改标题	◇ 执行插入数据透视图命令 ◇ 选择数据透视图存放的位置 ◇ 添加透视图字段 ◇ 更改数据透视图的类型 ◇ 选择数据透视图样式 ◇ 更改数据透视图标题

具体步骤

Step 01 启动素材文件并保存至结果文件。打开素材"学员基本情况透视图"文件，将文件另存到结果文件"案例 02"中。

Step 02 执行插入数据透视图的操作。选中 Excel 中的数据源，单击"插入"选项卡，单击"图表"功能组中的"数据透视图"按钮 ，如左下图所示。

Step 03 选择数据透视图的存放位置。打开"创建数据透视图"对话框，选择数据透视图存放位置，如选中"新工作表"单选按钮，单击"确定"按钮，如右下图所示。

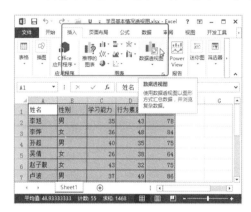

温馨小提示

　　如果需要将数据透视图创建在源数据表中，在打开的"创建数据透视图"对话框中选中"现有工作表"单选按钮，在"位置"文本框中输入单元格地址，然后单击"确定"按钮即可。

Step 04 添加数据透视图的字段。经过以上操作，创建的空白数据透视图效果如下图所示，在"数据透视图字段"窗格的"选择要添加到报表的字段"列表中勾选需要添加字段的复选框即可。

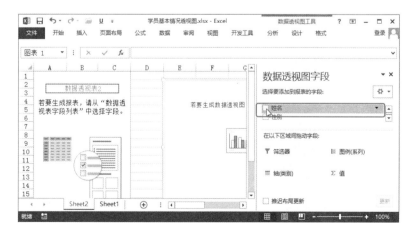

Step 05 执行"更改图表类型"命令。单击"数据透视图工具 - 设计"选项卡，单击"类型"功能组中的"更改图表类型"按钮，如左下图所示。

Step 06 选择需要的图表类型。打开"更改图表类型"对话框，选择"柱形图"选项，选择"三维簇状柱形图"样式，单击"确定"按钮，如右下图所示。

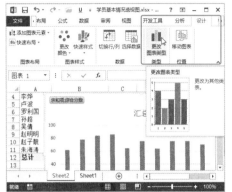

Step 07 应用图表样式。在"图表样式"中应用"样式 7"，如左下图所示。

Step 08 输入数据透视图标题。单击数据透视图中的"汇总"文本，然后输入新的标题文本，如右下图所示。

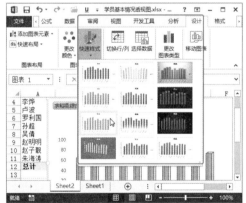

温馨小提示

如果数据透视图中 X 轴的文本内容不能水平显示，根据数据表中的行数使用鼠标拖动图表大小来改变即可。

案例 03 创建销售数量汇总透视表（图）

案例效果

制作分析

本例难易度	制作关键	技能与知识要点
★★★☆☆	对服装销售数量进行汇总，读者可以根据自己的需要选择汇总方式。在执行汇总数据透视表（图）操作时，首先执行创建数据透视表（图）的命令，再选择数据透视表（图）的存放位置，然后为创建的空白数据透视表（图）添加字段，最后选择汇总方式，移动数据透视图以及插入切片器来查看数据透视表	◇ 执行创建数据透视表（图）命令 ◇ 为数据透视表（图）添加字段 ◇ 选择汇总方式 ◇ 执行移动数据透视表（图）的操作 ◇ 插入切片器

具体步骤

1. 创建与编辑数据透视表（图）

在 Excel 中创建空白数据透视表（图）后，在"字段"窗格中添加要查看的字段时，数据透视表（图）会同时显示。下面介绍创建与编辑数据透视表（图）的相关知识。

Step 01 启动素材文件并保存至结果文件。打开素材"销售数量汇总透视表"文件，将文件另存到结果文件"案例 03"中。

Step 02 执行创建数据透视表（图）操作。选中数据源，单击"插入"选项卡，单击"图表"功能组中的"数据透视图"下拉按钮，在弹出的下拉列表中选择"数据透视图和数据透视表"命令，如左下图所示。

Step 03 选择数据透视表存放位置。打开"创建数据透视表"对话框，选中"现有工作表"单选按钮，在"位置"文本框中输入要存放的位置，如 Sheet2!$A$1；单击"确定"按钮，如右下图所示。

温馨小提示

　　在打开的"创建数据透视表"对话框中，有"新工作表"和"现有工作表"两个选项。在 Excel 2013 中默认情况下只有一张工作表，如果用户新建的有工作表或要保留在数据源表中，则可以选择"现有工作表"选项；如果需要将创建的数据透视表（图）单独存放在新的工作表，则选择"新工作表"选项。

Step 04 为数据透视表（图）添加字段。经过以上操作，创建的数据透视表（图）效果如下图所示，在"数据透视图字段"窗格中，勾选需要添加字段前面的复选框即可。

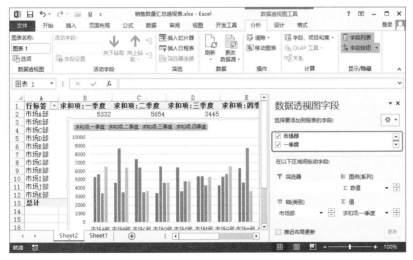

Step 05 执行"值字段设置"命令。右击"求和项：一季度"选项，在弹出的快捷菜单中选择"值字段设置"命令，如左下图所示。

Step 06 选择值汇总方式。打开"值字段设置"对话框，在"选择用于汇总所选字段数据的计算类型"列表框中选择需要的汇总方式，如"平均值"，单击"确定"按钮，如右下图所示。

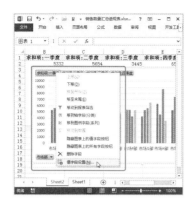 

　　创建数据透视表（图）后，更改数据的汇总方式，可以在透视图上更改，也可以在数据透视表中更改，其方法相同。但是无论在数据透视表（图）中选择汇总方式，显示的效果只有在数据透视表中才能看见，不能在数据透视图中查看值的效果。

Step 07 执行"值字段设置"命令。在数据透视表中右击"求和项：二季度"选项，在弹出的快捷菜单中选择"值字段设置"命令，如左下图所示。

Step 08 选择值汇总方式。打开"值字段设置"对话框，在"选择用于汇总所选字段数据的计算类型"列表框中选择需要的汇总方式，如"最大值"，单击"确定"按钮，如右下图所示。

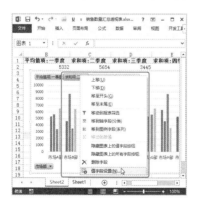 

　　在数据区域中添加字段后，其名称会发生改变，例如"商品编号"变成"行标签"。为了使数据透视表更加直观，用户可以对数据透视表中的字段进行重命名。其方法是：选择"行标签"选项，在弹出的下拉列表中选择"值字段设置"命令，打开"值字段设置"对话框，在"自定义名称"文本框中输入名称，单击"确定"按钮即可。

Step 09 执行删除字段命令。右击数据透视图中的"求和项：四季度"选项，在弹出的快捷菜单中选择"删除字段"命令，如左下图所示。

Step 10 执行移动图表命令。调整好数据透视图后，选择"数据透视图工具 - 设计"选项卡，单击"位置"功能组中的"移动图表"按钮，如右下图所示。

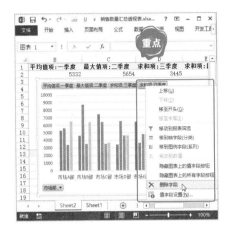 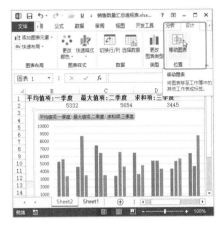

温馨小提示

　　在移动数据透视图时，需要在原工作表中将图表大小调整好，将图表移至其他工作表后，不能对图表的绘图区域大小进行调整。

Step 11 选择图表存放位置。打开"移动图表"对话框，选中"新工作表"单选按钮，在右侧的文本框中输入新工作表的名称，如 Sheet3，单击"确定"按钮，如左下图所示。

Step 12 显示移动数据透视图的效果。经过以上操作，将数据透视图移至 Sheet3，效果如右下图所示。

 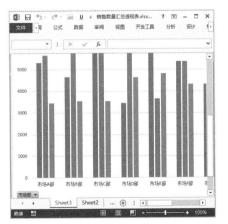

2．插入切片器

切片器是 Excel 2010 中新增的功能，在 Excel 2013 中可利用它来筛选数据透视表中的数据。一旦插入切片器，用户就可以使用多个按钮对数据进行快速分段和筛选，仅显示所需数据。此外，对数据透视表应用多个筛选器之后，不再需要打开列表查看数据所应用的筛选器，这些筛选器会显示在屏幕上的切片器中。

Step 01 执行"插入切片器"操作。单击"分析"选项卡，单击"筛选"功能组中的"插入切片器"按钮，如左下图所示。

Step 02 选择切片器查看的选项。打开"插入切片器"对话框，在列表框中选中需要查看的选项复选框，单击"确定"按钮，如右下图所示。

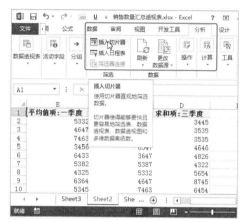

Step 03 显示插入切片器效果。经过以上操作，在数据透视表中插入切片器，效果如左下图所示。

Step 04 移动切片器四季度的位置。选中"四季度"，按住鼠标左键不放拖动调整位置，如右下图所示。

Step 05 查看切片器。选择"市场部"切片器中的"市场 D 部"选项，即可在数据透视表中显示"市场 D 部"的相关数据，其他选项则被隐藏起来，如左下图所示。

Step 06 执行"清除筛选器"操作。查看完切片器的相关选项后，单击"清除筛选器"按钮 ，将隐藏的数据全部显示出来，如右下图所示。

温馨小提示

　　在插入的切片器中，选择灰色的选项不能看到相关数据，因为灰色选项表示在数据透视表中进行筛选过，不符合筛选的记录被隐藏了。因此，要查看灰色数据选项，则需要清除数据透视表中的筛选。

Step 07 删除不需要的切片器。使用切片器查看完数据后，如果不需要在工作表中显示太多的切片器，可以将其删除，例如，删除"市场部"，右击"市场部"切片器，在弹出的快捷菜单中选择"删除'市场部'"命令，如左下图所示。

Step 08 为切片器添加样式。选中需要添加样式的切片器，单击"切片器工具 - 选项"选项卡，在"切片器样式"功能组中应用"切片器样式深色 2"选项，如右下图所示。

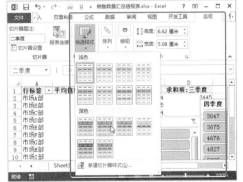

温馨小提示

　　通过建立数据透视表达到了统计目的后，可以将其转换为普通表格来使用。其方法是：选择需要转换的单元格区域；在"开始"选项卡的"剪贴板"功能组中单击"复制"按钮，然后将鼠标定位至需要存放结果的单元格；再单击"剪贴板"功能组中的"粘贴"按钮，在弹出的下拉列表中选择"值"选项即可。

案例 04 分析考勤记录表

案例效果

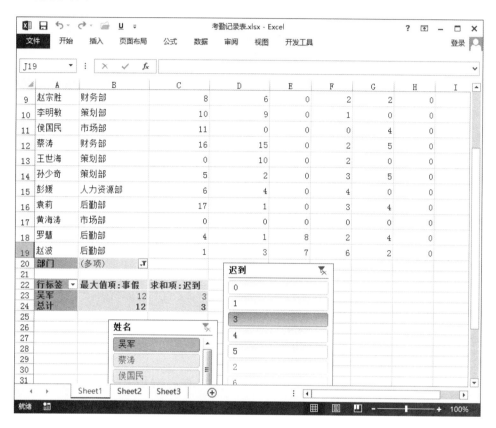

制作分析

本例难易度	制作关键	技能与知识要点
★★★☆☆	在年底时行政部都会对当年的考勤记录表做一次统计，根据不同的部门统计出考勤的结果，来作为一个参考标准，从而制定出一个新的符合公司实际情况的考勤标准。本实例主要介绍创建数据透视表，然后编辑数据透视表，最后对数据透视表进行美化	◈ 创建数据透视表 ◈ 为数据透视表添加字段 ◈ 筛选数据 ◈ 刷新数据透视表 ◈ 美化数据透视表 ◈ 在考勤表中插入切片器 ◈ 浏览数据与美化切片器

具体步骤

1. 创建考勤记录透视表

数据透视表不仅可以将行或列中的数据转换为有意义的数据表示，同时也是解决函数公式速度难点的手段之一。下面主要介绍如何创建透视表与添加透视表字段的相关知识。

Step 01 启动素材文件并保存至结果文件。打开素材文件"考勤记录表"，将文件另存至结果文件"案例 04"中。

Step 02 执行创建数据透视表命令。单击"插入"选项卡，单击"表格"功能组中的"数据透视表"按钮，如左下图所示。

Step 03 选择原数据表区域和透视表位置。打开"创建数据透视表"对话框，在"表 / 区域"文本框中选择原数据表区域，在"位置"文本框中输入数据透视表存放的位置，如 Sheet1$A$22，单击"确定"按钮，如右下图所示。

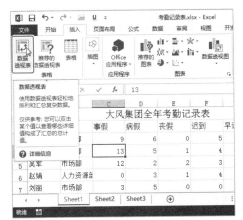

Step 04 为数据透视表添加字段。在"选择要添加到报表的字段"列表框中勾选"姓名"复选框，如左下图所示。

Step 05 添加字段并调整字段位置。依次添加"部门"、"事假"和"迟到"选项，将"行"列表框中的"部门"选项拖动至"筛选器"列表框，如右下图所示。

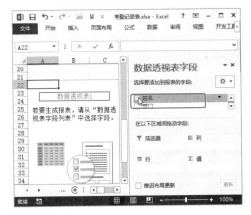

温馨小提示

在"数据透视表字段"窗格中,如果要移动列表框中的选项,也可以使用快捷菜单进行操作,其方法是:在需要移动的选项上右击,在弹出的快捷菜单中选择需要移至的位置选项命令即可。

2. 编辑与美化考勤记录透视表

在使用数据透视表分析数据时,除了前面介绍的使用数据透视表的基本操作外,用户还可以根据自己的需要对数据透视表进行编辑,如查看数据、更新数据透视表数据、更改数据透视表汇总计算方式以及美化透视表等相关操作。

Step 01 关闭字段窗格。单击"数据透视表字段"窗格右侧的"关闭"按钮,如左下图所示。

Step 02 选择要保留的数据。单击"(全部)"右侧的筛选按钮;勾选"选择多项"复选框,勾选"行政部"和"市场部"复选框,单击"确定"按钮,如右下图所示。

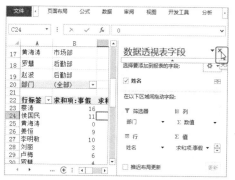 

Step 03 选择要更改数据的单元格。选择要更改数据的 C7 单元格,如左下图所示。
Step 04 输入新的数据。在 C7 单元格中输入新的数据"6",如右下图所示。

Step 05 执行"刷新"操作。将光标定位至数据透视表中,单击"数据透视表工具 - 分析"选项卡,单击"数据"功能组中的"刷新"按钮,如左下图所示。

Step 06 效果更新后的结果值。经过上步操作，刷新数据透视表，让数据透视表中的数据与源数据同步，结果如右下图所示。

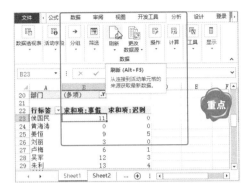 

温馨小提示

当用户在报表筛选字段中进行筛选操作后，原报表筛选字段右侧的下拉按钮将转换成 按钮，表示该项已指定条件筛选。

Step 07 执行"字段列表"操作。如果要改变汇总方式，则需要显示字段列表。单击"数据透视表工具 - 分析"选项卡，单击"显示"功能组中的"字段列表"按钮，如左下图所示。

Step 08 执行"值字段设置"命令。右击"求和项：事假"单元格，在弹出的快捷菜单中选择"值字段设置"命令，如右下图所示。

 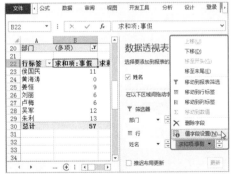

温馨小提示

在数据透视表中添加字段时，字段按 A、B……的顺序显示。如果需要调整其中某个字段的顺序时，右击需要调整的字段，在弹出的快捷菜单中选择"上移"或"下移"命令即可。

Step 09 选择汇总计算方式。打开"值字段设置"对话框，选择"最大值"选项，单击"确定"按钮，如左下图所示。

Step 10 显示平均值汇总效果。经过以上操作，修改求和汇总方式为平均值，效果如右下图所示。

Step 11 应用内置的数据透视表样式。选择 A20:C30 单元格区域，单击"数据透视表工具 - 设计"选项卡，单击"数据透视表样式"功能组中"快速样式"右侧的下拉按钮，在弹出的下拉列表中选择"数据透视表样式中等深浅 24"样式，如左下图所示。

Step 12 显示应用样式的效果。经过上步操作，为创建的数据透视表应用内置的样式后，效果如右下图所示。

 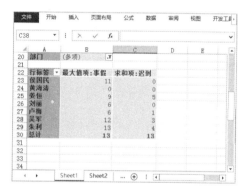

温馨小提示

　　为数据透视表应用内置的样式后，如果需要对个别单元格的底纹进行重新设置，可以直接选中单元格，在"开始"选项卡中单击"字体"功能组中的"填充底纹"按钮，在弹出的颜色面板中选择需要的颜色即可。

3．切片器的应用

　　在透视表中插入切片器的操作非常简单，只需在选项卡中单击"插入切片器"按钮，然后选择要查看的选项即可创建出切片器选项。下面主要介绍插入切片器、筛选数据以及美化切片器等相关知识。

Step 01 执行插入切片器的操作。将光标定位至数据透视表中，单击"插入"选项卡，单击"筛选器"功能组中的"切片器"按钮，如左下图所示。

Step 02 选择切片器选项。打开"插入切片器"对话框，勾选"姓名"和"迟到"复选框，单击"确定"按钮，如右下图所示。

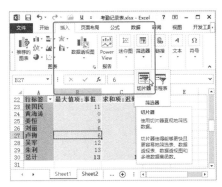 

Step 03 选择切片器选项。在"迟到"切片器中选择"3"选项，如左下图所示。

Step 04 显示查看的数据。在数据透视表中显示切片器选中的相关记录，效果如右下图所示。

Step 05 应用切片器样式。选中切片器，单击"切片器工具 - 选项"选项卡，单击"切片器样式"组右侧的下翻按钮，选择"切片器样式其他 2"样式，如左下图所示。

Step 06 显示应用切片器样式的效果。经过上步操作，为"迟到"切片器添加样式，效果如右下图所示。

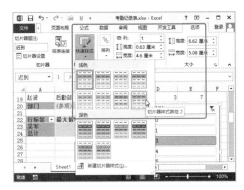 

案例 05 分析家具销售表

案例效果

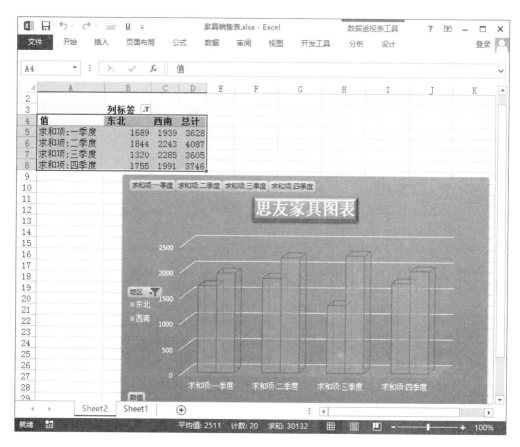

制作分析

本例难易度	制作关键	技能与知识要点
★ ★ ★ ☆ ☆	在数据透视表中会自动统计各季度的合计值，因此利用数据透视表的字段创建数据透视图非常方便与快捷，可以达到用户想要的效果。本实例首先根据数据源创建数据透视表，然后根据数据透视表的字段创建数据透视图，最后对图表进行编辑	◇ 创建数据透视表（图） ◇ 设置数据透视图格式 ◇ 编辑数据透视图表 ◇ 筛选数据透视图 ◇ 应用内置的透视图样式 ◇ 设置数据透视图背景 ◇ 更改图例位置 ◇ 设置标题样式 ◇ 设置图表高度和标题文字格式

具体步骤

1. 创建家具销售透视表

在 Excel 中输入家具销售表数据后，如果想要按照自己的思维筛选数据，可以使用数据透视表，在数据透视表中添加字段即可浏览销售数据。下面主要介绍如何创建透视表与添加透视表字段的相关知识。

Step 01 启动素材文件并保存至结果文件。打开素材文件"家具销售表"，将文件另存至结果文件"案例 05"中。

Step 02 执行创建数据透视表命令。选中数据源，单击"插入"选项卡，单击"表格"功能组中的"数据透视表"按钮，如左下图所示。

Step 03 选择数据透视表存放位置并确认。打开"创建数据透视表"对话框，选中"新工作表"单选按钮，单击"确定"按钮，如右下图所示。

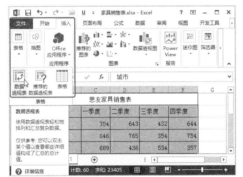

Step 04 为数据透视表添加字段。创建的数据透视表一般都是空白数据透视表，在"数据透视表字段"窗格中勾选复选框添加字段，如左下图所示。

Step 05 关闭"数据透视表字段"窗格。单击"数据透视表字段"窗格右侧的"关闭"按钮，如右下图所示。

Step 06 执行创建数据透视图命令。选中数据透视表中的数据源，单击"数据透视表工具 - 分析"选项卡"工具"功能组中的"数据透视图"按钮，如左下图所示。

Step 07 选择数据透视图类型。打开"插入图表"对话框，选择"柱形图"选项，
单击"三维簇状柱形图"类型，单击"确定"按钮，如右下图所示。

 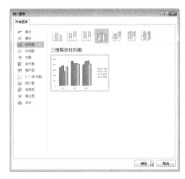

🧑‍🏫 **温馨小提示**

除了上述方法可以创建数据透视图外，还可以单击"插入"选项卡，在"图
表"功能组中单击"数据透视图"按钮，然后选择图表类型，最后单击"确定"
按钮即可。

2．添加数据透视图标题

在插入数据透视图时，如果用户选择的图表类型是不带图表标题的，可以通
过"设计"选项卡对数据透视图进行添加。

Step 01 执行添加图表标题命令。选中数据透视图，在"数据透视图工具 - 设计"选项卡中
单击"图表布局"功能组中的"添加图表元素"下拉按钮，在弹出的下拉列表中选
择"图表标题"命令，在弹出的下一级列表中选择"图表上方"命令，如左下图所示。

Step 02 输入图表标题。在图表上方显示标题框，将光标移至标题框中输入图表
标题，如右下图所示。

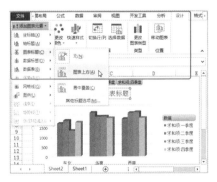 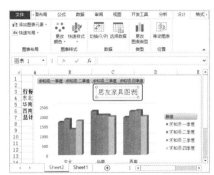

🧑‍🏫 **温馨小提示**

添加的数据透视图标题默认情况下是在图表区的中间，如果需要将标题移
动至其他位置，可以选中图表标题框，按住鼠标左键不放拖动即可。

Step 03 执行"切换行/列"操作。选中数据透视图，在"数据透视图工具-设计"选项卡中单击"数据"功能组中的"切换行/列"按钮，如左下图所示。

Step 04 显示切换行/列的效果。经过上步操作，将数据透视图的行和列进行切换，效果如右下图所示。

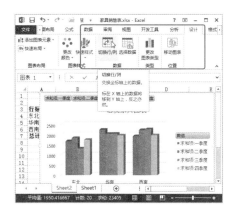

3．设置数据透视图宽度

数据透视图为默认格式时，水平轴文字变多将不能水平显示文本，因此需要调整数据透视图的大小。

Step 01 输入图表宽度值。选中数据透视图，单击"数据透视图工具-格式"选项卡，在"大小"功能组的"宽度"文本框中输入图表的大小值，如左下图所示。

Step 02 显示改变大小后的效果。经过上步操作，设置图表宽度后，效果如右下图所示。

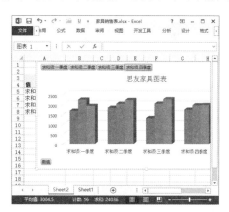

4．显示数据透视图中的明细数据

一般创建的图表都不会显示具体数据值，如果在查看图表的同时浏览相应的数值，可以使用添加数据标签的方法为图表添加数据。

Step 01 执行"添加数据标签"命令。右击图表中的系列，在弹出的快捷菜单中选择"添加数据标签"命令，在弹出的下一级列表中选择"添加数据标签"命令，如左下图所示。

Step 02 显示添加数据标签的效果。在 Excel 2013 中一次只能为一个系列图表添加
数据，重复操作第 1 步为其他系列图表添加数据标签，效果如右下图所示。

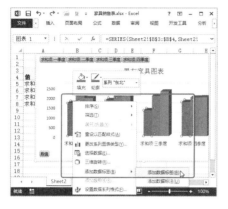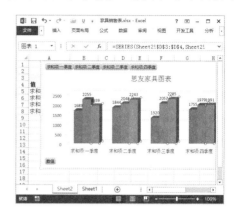

5. 筛选数据透视图

在数据透视图中，除了可以使用图表浏览的功能外，还可以对图表进行筛选，
以达到用户需要的效果，例如，筛选出"东北"和"西南"的图表。

Step 01 执行筛选操作。单击"地区"按钮，取消勾选"全选"复选框，勾选"东
北"和"西南"复选框，单击"确定"按钮，如左下图所示。

Step 02 显示筛选效果。经过上步操作，筛选数据透视图的效果如右下图所示。

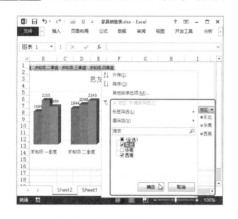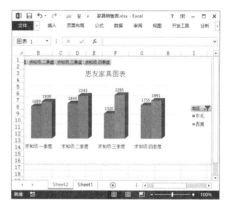

6. 应用数据透视图样式

如果用户对插入的图表类型默认的样式不满意，可以重新设置，让数据透视
图看起来更加醒目，具体方法如下。

Step 01 执行应用内置样式的操作。选中图表，在"数据透视图工具 - 设计"选项
卡的"快速样式"功能组中应用内置的样式，如"样式 7"，如左下图所示。

Step 02 显示应用内置样式的效果。经过上步操作，为创建的数据透视图应用内
置的样式，效果如右下图所示。

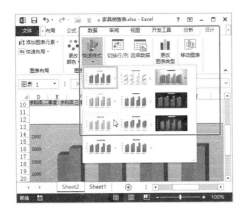
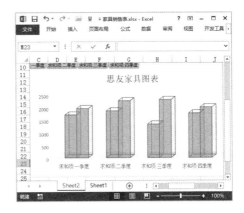

7. 设置数据透视图背景

为数据透视图应用内置样式后，不添加图表背景，刻度显示就不太清楚。为了更好地看到数据系列的高低，可以为图表区域添加背景样式。

Step 01 执行选择图表区的操作。单击"数据透视图工具 - 格式"选项卡，单击"当前所选内容"功能组中的"图表元素"按钮，在弹出的下拉列表中选择"图表区"命令，如左下图所示。

Step 02 执行形状样式的操作。单击"形状样式"功能组中的下翻按钮 ，单击"强烈效果 - 绿色，强调颜色 6"样式，如右下图所示。

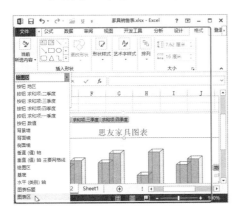
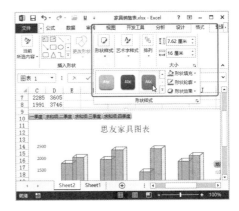

8. 更改图例位置

插入数据透视图后，默认的图例位置会显示在图表的右侧。如果想更改图例位置，可以使用以下方法。

Step 01 执行左侧命令。选中图例，单击"数据透视图工具 - 设计"选项卡，单击"图表布局"功能组中的"添加图表元素"下拉按钮，在弹出的下拉列表中选择"图例"命令，在弹出的下一级列表中选择"左侧"命令，如左下图所示。

Step 02 显示更改图例位置的效果。经过上步操作，将数据透视图中图例位置更改为左侧，效果如右下图所示。

 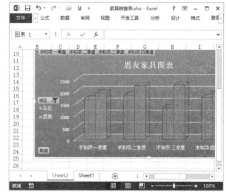

 温馨小提示

　　数据透视图图例的位置分为右侧、顶部、左侧和底部 4 种类型，用户可以根据图表的类型选择图例位置。

9．设置标题样式

　　在数据透视图中添加完标题，不设置标题的形状样式，整个图表看起来就不协调。下面介绍如何设置标题形状样式，让图表更加美观。

Step 01 执行应用形状样式的操作。选中图表标题，单击"数据透视图工具 - 格式"选项卡，单击"形状样式"功能组中的下翻按钮 ，单击"强烈效果 - 绿色，强调颜色 6"样式，如左下图所示。

Step 02 设置标题效果。选中标题，单击"形状样式"功能组中的"形状效果"下拉按钮，在弹出的下拉列表中选择"棱台"命令，在弹出的下一级列表中选择"圆"选项，如右下图所示。

 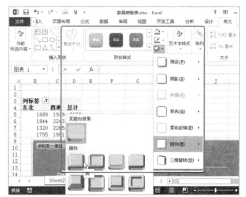

10．设置图表高度和标题大小

　　设置完数据透视图的格式后，如果觉得图表的高度不够时，可以通过"格式"选项卡重新设置。若图表标题文本字号太小，可以使用"开始"选项卡设置字体格式。具体操作方法如下。

Step 01 设置数据透视图的高度。选中图表，单击"数据透视图工具 - 格式"选项
卡，在"大小"功能组的"高度"文本框中输入大小值，如左下图所示。

Step 02 设置图表标题字体格式。选中图表标题，单击"开始"选项卡，在"字体"
功能组中设置字号大小，并单击"加粗"按钮 **B**，如右下图所示。

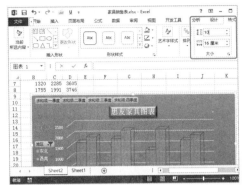 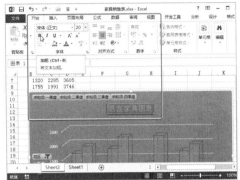

本章小结

　　在本章中通过知识链接、案例学习和实战操作，全面了解了数据透视表（图）
的功能和切片器的应用。希望读者能使用数据透视表（图）分析数据。当数据
源发生改变时，查看后需要保存则可更新数据透视表，一般情况下会应用自动
更新数据的功能。

08 共享数据源
——导入与分析处理数据

■ 本章导读

在 Excel 中，除了可对输入的数据进行分析外，还可以直接导入外部数据，然后根据需要对导入的数据进行分析。Excel 不仅可以对已产生的数据进行操作，还可以利用单变量求解、模拟运算及规划求解等功能对假定的数据进行分析或计算。

■ 案例展示

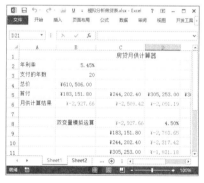

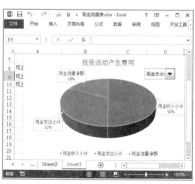

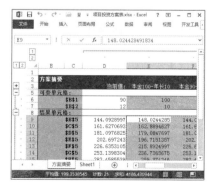

8.1 知识链接——数据的导入与分析知识

▶ 在 Excel 中，主要是对数据进行分析和处理相关操作，要对数据进行操作，必须要有相关的数据，一般情况下都是用户对输入的数据进行分析。如果是对已有的数据进行分析，为了提高工作效率，该怎么办呢？

主题 01　导入数据，省些事儿

Excel 最主要的功能就是对数据进行分析，数据可以从多方面获取，比如有些软件会有导出数据的功能，可以直接导入至 Excel，然后进行计算或分析。如果我们直接通过 Excel 软件来导入数据，则可以导入 Access、网站、文本、其他来源数据（SQL Server、Analysis Services、Windows Azure Marketplace、ODate、XML、Microsoft Query），如左下图所示。或者对已有的表格数据进行操作，导入现有的表格，如右下图所示。

主题 02　分析数据，掌握动向

在数据分析中，根据市场数据会以浮动显示时，可以使用动态图表进行查看，因此在 Excel 中可以创建动态的数据图表，反映当时或预测的数据状态或走势图。例如，根据一个销售预测表创建的图表，拖动滚动条即可显示所预测的数据图表，如下图所示。

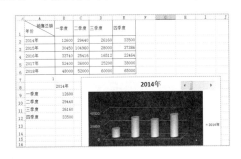 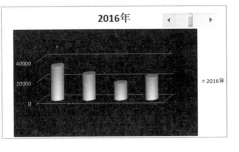

8.2 同步训练——实战应用成高手

▶ 在对数据进行分析前，首先给读者介绍一些导入已有数据的操作，希望读者能跟着我们的讲解，一步一步地做出与书同步的效果。

学习资料

为了方便学习，本节相关实例的素材文件、结果文件，以及同步教学文件可以在配套的光盘中查找，具体内容路径如下。

原始素材文件：	光盘 \ 素材文件 \ 第 8 章 \ 同步训练 \
最终结果文件：	光盘 \ 结果文件 \ 第 8 章 \ 同步训练 \
同步教学文件：	光盘 \ 多媒体教学文件 \ 第 8 章 \ 同步训练 \

案例 01 将公司网站数据导入工作表

案例效果

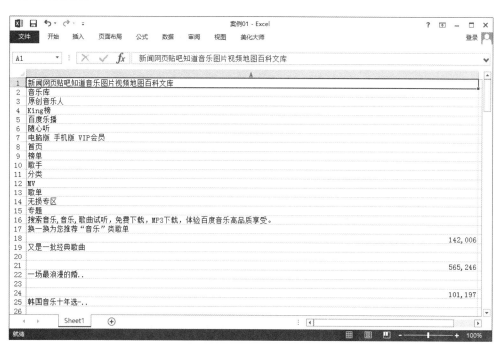

制作分析

本例难易度	制作关键	技能与知识要点
★ ★ ☆ ☆ ☆	本例主要介绍如何从网站中导入数据。首先执行"获取外部数据"功能组中的"自网站"命令，再输入需要导入数据的网址，然后根据导入的操作并指定导入数据位置，最后将数据结果显示在导入的 Excel 工作表中。	◈ 执行自网站命令 ◈ 输入要导入的网站 ◈ 选择导入数据的存放位置 ◈ 显示导入数据结果

具体步骤

Step 01 执行导入自网站的操作。单击"数据"选项卡，单击"获取外部数据"功能组中的"自网站"按钮，如左下图所示。

Step 02 输入网址。打开"新建 Web 查询"对话框，在"地址栏"中输入 http://music.baidu.com，单击"转到"按钮，如右下图所示。

Step 03 选择导入内容的存放地址。打开"导入数据"对话框，在"现有工作表"中选择存放数据的位置，如 A1，单击"确定"按钮，如左下图所示。

Step 04 显示导入网站数据效果。经过以上操作，导入网站数据的效果，如右下图所示。

 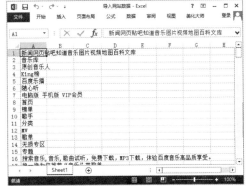

案例 02 将文本数据导入工作表

案例效果

制作分析

本例难易度	制作关键	技能与知识要点
★ ★ ☆ ☆ ☆	本例主要介绍如何将已有的文本数据导入 Excel 中，在制作本案例时，首先执行"获取外部数据"功能组中的"自文本"命令，再选择要导入的文本文件，然后根据导入的操作步骤进行导入。	◈ 执行自文本命令 ◈ 选择导入的文本文件 ◈ 根据导入向导进行导入操作 ◈ 显示导入数据结果

具体步骤

Step 01 启动软件并保存至结果文件。启动 Excel 程序，将打开的 Excel 保存为"导入文本数据"至结果文件"案例 02"中。

Step 02 执行导入文本数据操作。单击"数据"选项卡，单击"获取外部数据"功能组中的"自文本"按钮，如左下图所示。

Step 03 选择文本文件。打开"导入文本文件"对话框，选择文本文件存放路径，选择需要导入的文件，单击"导入"按钮，如右下图所示。

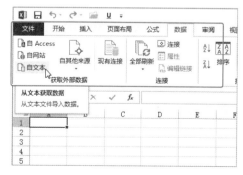

Step 04 执行"下一步"操作。打开"文本导入向导 - 第 1 步，共 3 步"对话框，单击"下一步"按钮，如左下图所示。

Step 05 选择分隔符号。打开"文本导入向导 - 第 2 步，共 3 步"对话框，选中"空格"复选框，单击"下一步"按钮，如右下图所示。

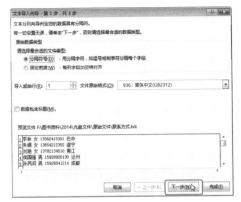

温馨小提示

　　在导入文本时，选择分隔符号需要根据文本文件中的符号类型进行选择，如果在提供的类型中没有相应的符号，可以使用"其他"框进行输入，然后进行导入操作。

Step 06 选择导入数据格式。打开"文本导入向导 - 第 3 步，共 3 步"对话框，选中"文本"单选按钮，单击"完成"按钮，如左下图所示。

Step 07 选择数据在表格中的放置位置。打开"导入数据"对话框，选择导入数据的放置位置，如 A1，单击"确定"按钮，如右下图所示。

案例 03 模拟分析房贷表

案例效果

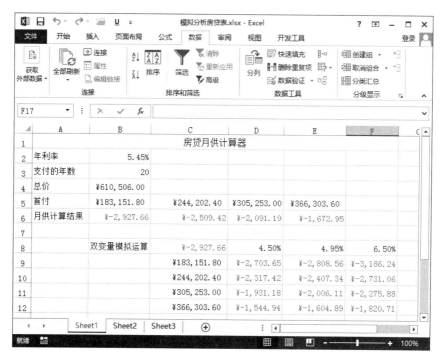

制作分析

本例难易度	制作关键	技能与知识要点
★★★★☆	对房贷进行模拟运算时，根据不同的首付公式先计算出首付值，再使用函数计算出月供的数值，然后根据变量，计算出相应的模拟变量值	◈ 输入计算首付公式 ◈ PMT() 函数的应用 ◈ 单变量模拟运算的应用 ◈ 双变量模拟运算的应用

具体步骤

Step 01 打开素材文件并保存至结果文件。打开素材"房贷表"文件，将文件另存为结果文件"案例 03"中。

Step 02 输入计算首付值的公式。在 B5 单元格中输入计算公式"=B4*0.3"，单击编辑栏中的"输入"按钮，如左下图所示。

Step 03 输入计算月供金额公式。在 B6 单元格中输入计算月供的公式"=PMT(B2/12,B3*12,B4-B5)"，单击编辑栏中的"输入"按钮，如右下图所示。

Step 04 输入首付变量。在首付行中可以假定首付金额，例如 C5 单元格为 "=B4*0.4"，然后单击编辑栏中的 "输入" 按钮 ✔，如左下图所示。

Step 05 输入其他产值变量。在 D5 和 E5 单元格分别输入 "=B4*0.5"，"=B4*0.6"，计算出其他首付值后，选中 B5:E6 单元格区域，如右下图所示。

Step 06 执行 "模拟运算表" 命令。单击 "数据" 选项卡，单击 "数据工具" 功能组中的 "模拟分析" 下拉按钮，在弹出的下拉列表中选择 "模拟运算表" 命令，如左下图所示。

Step 07 选择模拟运算表的变量单元格。打开 "模拟运算表" 对话框，在 "输入引用行的单元格" 右侧框中引用 B5 单元格，单击 "确定" 按钮，如右下图所示。

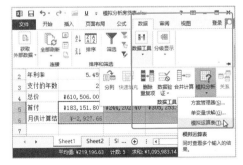 

温馨小提示

　　在模拟运算表区域中，如果是单变量模拟运算，则根据输入变量的位置，在打开的 "模拟运算表" 对话框中决定该选择 "输入引用行的单元格"，还是 "输入引用列的单元格"。引用的单元格必须是公式中需要发生改变的单元格。

Step 08 显示单变量计算结果。经过以上操作，计算出所有首付金额发生改变时，各月供的金额值，如左下图所示。

Step 09 输入双变量模拟运算的公式。在 C8 单元格中输入计算月供的公式"=PMT(B2/12,B3*12,B4-B5)"，然后按下【Enter】键，如右下图所示。

温馨小提示

在模拟运算表中，无论是单变量模拟运算还是双变量模拟运算，对于计算的结果都不能对其中某一个单元格内容进行清除。如果需要删除模拟运算，可以将进行模拟运算的区域选中按【Delete】键删除，若没有全部选中模拟运算表，则会提示不能删除模拟运算表。如果按【Backspace】键清除了其中一个单元格，则必须按【Esc】键返回。否则 Excel 将不会执行其他命令。

Step 10 执行双变量模拟运算的操作。单击"数据"选项卡，单击"数据工具"功能组中的"模拟分析"按钮，在弹出的下拉列表中选择"模拟运算表"命令，如左下图所示。

Step 11 引用模拟运算的变量单元格。打开"模拟运算表"对话框，在"输入引用行的单元格"和"输入引用列的单元格"右侧框中，分别引用 B2 和 B5 单元格，单击"确定"按钮，如右下图所示。

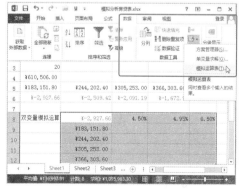 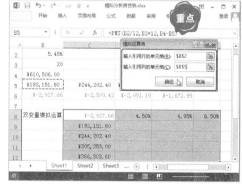

案例 04 制作现金流量表

案例效果

	A	B	C	D	E	F
1		分析现金流量表				
2					2013年	
3	项目名称	金额	各项目比例	现金收入比例	现金支出比例	
4	一、经营活动产生的现金流量					
5	销售商品、提供劳务收到的现金	¥2,276,000.00	98%			
6	收到的税费返还	¥38,500.00	2%			
7	现金收入小计	¥2,314,500.00		78%		
8	购买商品,接受劳务支付的现金	¥9,500.00	6%			
9	支付给职工以及为职工支付的现金	¥77,500.00	48%			
10	支付的各项税费	¥15,700.00	10%			
11	支付的其他与经营活动有关的现金	¥57,450.00	36%			
12	现金支出小计	¥160,150.00			27%	
13	经营活动产生的现金流量净额	¥2,154,350.00				
14	二、投资活动产生的现金流量					
15	收回投资所收到的现金	¥42,500.00	35%			
16	分得股利或利润所收到的现金	¥58,300.00	48%			
17	处置固定资产收回的现金净额	¥21,140.00	17%			
18	现金收入小计	¥121,940.00		4%		
19	购建固定资产无形资产其他资产支付的现金	¥62,360.00	79%			
20	投资所支付的现金	¥13,160.00	17%			

Sheet2　Sheet3　⊕

制作分析

本例难易度	制作关键	技能与知识要点
★★★★☆	现金流量表是财务人员的分内工作之一,本实例主要介绍根据已有的表格数据进行导入,然后对导入数据进行分析,最后用控件制作一个用户能按需求选择的图表	◇ 导入已有的数据表格 ◇ 为表格添加边框和底纹 ◇ 设置金额格式和行高 ◇ SUM() 函数和 OFFSET() 函数的应用 ◇ 图表的应用 ◇ 插入控件及设置属性

具体步骤

1. 导入现金流量表的数据

对于已有的数据,可以将其导入新的工作表,然后对数据进行分析,从而提高工作效率,例如将素材文件中的现金流量表数据导入 Sheet1 工作表。

Step 01 启动 Excel 并保存文件。启动 Excel 程序,将打开的 Excel 保存为至结果文件"案例 04"中。

Step 02 单击"现有连接"按钮。单击"数据"选项卡,单击"获取外部数据"功能组中的"现有连接"按钮,如左下图所示。

Step 03 单击"浏览更多"按钮。打开"现有连接"对话框,单击"浏览更多"按钮, 如右下图所示。

Step 04 选择要导入的工作簿。选择存放文件路径,选择"现金流量表",单击"打 开"按钮,如左下图所示。

Step 05 选择要导入的工作表。在"选择表格"对话框中选择"现金流量表"选项, 单击"确定"按钮,如右下图所示。

温馨小提示

　　导入其他 Excel 工作簿中的数据时,一次只能选择一张工作表的内容,不能 同时导入多张表格内容。

Step 06 选择导入数据存放地址。在"现有工作表"下的文本框中输入 =$A$1,单 击"确定"按钮,如左下图所示。

Step 07 显示导入现金流量表的效果。经过以上操作,将现金流量表工作簿的现 金流量表数据导入至 Sheet1 工作表,如右下图所示。

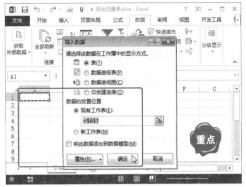 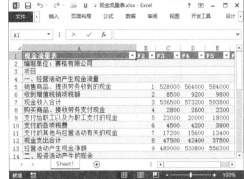

2．分析现金流量表

通过分析"现金流量表"，可以进一步明确企业活动现金收入、投资活动现金收入、筹资活动现金收入在所有现金收入中的百分比，并且能够反映企业的现金主要用在哪些方面。

Step 01 输入分析现金流量表的内容。插入 Sheet2 工作表，在"A1:E35"单元格中输入分析现金流量表的项目名称，如下图所示。

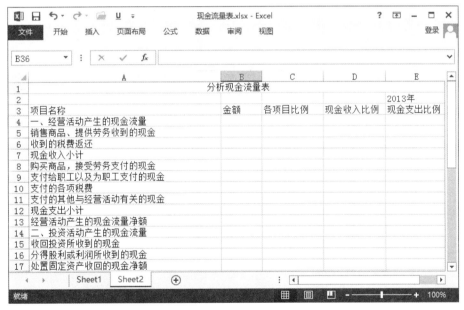

Step 02 为单元格添加底纹。选择"A3:E3、A7:E7、A12:E13、A18:E18、A22:E23、A28:E28、A32:E33"单元格区域，单击"开始"选项卡，单击"填充颜色"下拉按钮，在颜色面板中选择"灰色 -25%，背景 2，深色 10%"选项，设置单元格的底纹，如左下图所示。

Step 03 为单元格添加边框。选中"A1:E35"单元格区域，单击"开始"选项卡，单击"下框线"下拉按钮，在弹出的下拉列表中选择"所有框线"命令，如右下图所示。

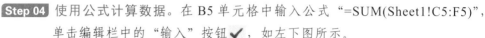

Step 04 使用公式计算数据。在 B5 单元格中输入公式 "=SUM(Sheet1!C5:F5)"，单击编辑栏中的 "输入" 按钮 ✓，如左下图所示。

Step 05 设置单元格数字格式。选择 B5:B35 单元格区域，单击"数字"功能组中的"数字格式"下拉按钮 ▾，在弹出的下拉列表中选择"货币"选项，如右下图所示。

Step 06 设置百分比格式。选择 C5:F35 单元格区域，单击 "数字" 功能组中的 "百分比样式" 按钮 %，如左下图所示。

Step 07 执行 "行高" 命令。选择 1 至 35 行，右击选中的行，在弹出的快捷菜单中选择 "行高" 命令，如右下图所示。

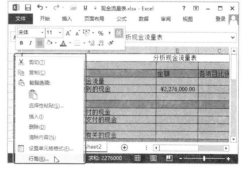

Step 08 输入行高值。打开"行高"对话框，在"行高"文本框中输入行高值，单击"确定"按钮，如左下图所示。

Step 09 复制公式。选中 B5 单元格，单击 "剪贴板" 功能组中的 "复制" 按钮，如右下图所示。

Step 10 在选定区域粘贴公式选项。选择"B6:B13"、"B15:B23"和"B25:B34"单元格区域，单击"剪贴板"功能组中的"粘贴"下拉按钮，在弹出的下拉列表中选择"公式"选项，如左下图所示。

Step 11 双击更改列宽。将鼠标移至 B 和 C 列的列线上，双击鼠标左键，将自动调整列宽，如右下图所示。

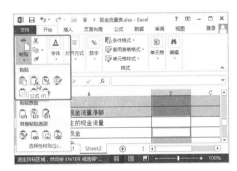

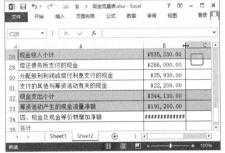

Step 12 输入计算比例的公式。在 C5 单元格中输入公式"=B5/$B$7"，单击"编辑栏"中的"输入"按钮 ✔，如左下图所示。

Step 13 拖动填充公式。选择 C5 单元格，按住鼠标左键不放拖动填充计算公式，如右下图所示。

Step 14 输入计算公式。在 C8 单元格中输入公式"=B8/$B$12"，单击"编辑栏"中的"输入"按钮 ✔，如左下图所示。

Step 15 填充计算公式。选择 C8 单元格，按住鼠标左键不放拖动填充计算公式，如右下图所示。

Step 16 输入并填充公式。在 C15 单元格中输入公式 "=B15/$B$18"，按【Enter】键确认，并填充公式至 C16:C17；在 C19 单元格中输入公式 "=B19/$B$22"，按【Enter】键确认，并填充公式至 C20:C21，如左下图所示。

Step 17 输入并填充公式。在 C25 单元格中输入公式 "=B25/$B$28"，按【Enter】键确认，并填充公式至 C26:C27；在 C29 单元格中输入公式 "=B29/$B$32"，按【Enter】键确认，并填充公式至 C30:C31，如右下图所示。

Step 18 计算 D7 单元格的现金收入比例。在 D7 单元格中输入公式 "=B7/SUM(B7,B18,B28)"，单击"编辑栏"中的"输入"按钮 ✔，如左下图所示。

Step 19 计算 D18 单元格的现金收入比例。在 D18 单元格中输入公式 "=B18/SUM(B7,B18,B28)"，单击"编辑栏"中的"输入"按钮 ✔，如右下图所示。

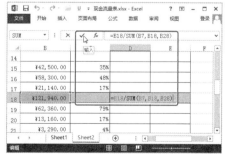

Step 20 计算 D28 单元格的现金收入比例。在 D28 单元格中输入公式 "=B28/SUM(B7,B18,B28)"，单击"编辑栏"中的"输入"按钮 ✔，如左下图所示。

Step 21 计算 E12 单元格的现金支出比例。在 E12 单元格中输入公式 "=B12/

SUM(B12,B22,B32)",单击"编辑栏"中的"输入"按钮 ✔,如右下图所示。

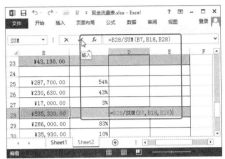 

Step 22 计算 E22 单元格的现金支出比例。在 E22 单元格中输入公式"=B22/SUM(B12,B22,B32)",单击"编辑栏"中的"输入"按钮 ✔,如左下图所示。

Step 23 计算 E32 单元格的现金支出比例。在 E32 单元格中输入公式"=B32/SUM(B12,B22,B32)",单击"编辑栏"中的"输入"按钮 ✔,如右下图所示。

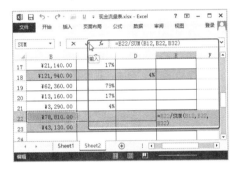 

3. 使用图表数据

分析完现金流量项目的比例之后,接下来使用图表对各项活动产生的现金收入、现金支出以及现金流量净额等进行分析,以使财务人员更加明确哪项活动产生的现金流为主导部分。

Step 01 输入内容并设置表格格式。插入 Sheet3 工作表,在 A1:D5 单元格区域内输入如左下图所示的内容,并为表格添加边框线、斜线和合并标题行等内容。

Step 02 使用公式输入 B3 单元格的值。在 B3 单元格中输入"=Sheet2!B7",单击"编辑栏"中的"输入"按钮 ✔,如右下图所示。

Step 03 使用公式输入 B4 单元格的值。在 B4 单元格中输入 = "Sheet2!B18"，单击 "编辑栏" 中 "输入" 按钮 ✔，如左下图所示。

Step 04 使用公式输入 B5 单元格的值。在 B5 单元格中输入 "=Sheet2!B28"，单击 "编辑栏" 中 "输入" 按钮 ✔，如右下图所示。

Step 05 使用公式输入数值。在 C3=Sheet2!B12，C4=Sheet2!B22，C5=Sheet2!B32，D3=Sheet2!B13，D4=Sheet2!B23，D5=Sheet2!B33，如左下图所示。

Step 06 使用公式输入项目名称。在 A6 单元格中输入数字 1，依次输入公式，A8=B2，A9=C2，A10=D2，按【Enter】键确认，如右下图所示。

Step 07 计算出 B7 单元格项目名称。在 B7 单元格中输入公式 "=OFFSET(A\$2,\$A\$6,0)"，单击 "编辑栏" 中的 "输入" 按钮，如左下图所示。

Step 08 输入返回现金收入小计的公式。在 B8 单元格中输入公式 "=OFFSET(B\$2,\$A\$6,0)"，单击 "编辑栏" 中的 "输入" 按钮，如右下图所示。

Step 09 输入返回现金支出小计的公式。在 B9 单元格中输入公式 "=OFFSET (C$2,$A$6,0)",单击"编辑栏"中的"输入"按钮,如左下图所示。

Step 10 输入返回现金流量净额的公式。在 B10 单元格中输入公式 "=OFFSET (D$2,$A$6,0)",单击"编辑栏"中的"输入"按钮,如右下图所示。

温馨小提示

OFFSET() 函数返回对单元格或单元格区域中指定行数和列数的区域的引用。返回的引用可以是单个单元格或单元格区域。可以指定要返回的行数和列数。

语法:OFFSET(reference, rows, cols, [height], [width])

reference 为必需的参数。要以其为偏移量的底数的引用。引用必须是对单元格或相邻的单元格区域的引用;否则 OFFSET 返回错误值 #VALUE!。

rows 为必需的参数。需要左上角单元格引用的向上或向下行数。使用 5 作为 rows 参数,可指定引用中的左上角单元格为引用下方的 5 行。rows 可为正数(表示在起始引用的下方)或负数(表示在起始引用的上方)。

cols 为必需的参数。需要结果的左上角单元格引用的从左到右的列数。使用 5 作为 cols 参数,可指定引用中的左上角单元格为引用右方的 5 列。cols 可为正数(表示在起始引用的右侧)或负数(表示在起始引用的左侧)。

height 为可选参数。需要返回的引用的行高。height 必须为正数。

width 为可选参数。需要返回的引用的列宽。width 必须为正数。

Step 11 执行插入图表命令。选择 A7:B10 单元格区域,单击"插入"选项卡,单击"图表"功能组中的"饼图"下拉按钮,在弹出的下拉列表中选择"三维饼图"选项,如左下图所示。

Step 12 添加数据标签。选中图表,在"插入"选项卡中单击"图表布局"功能组中的"添加图表元素"下拉按钮,在弹出的下拉列表中选择"数据标签"命令,在下一级列表中选择"数据标注"命令,如右下图所示。

Step 13 执行插入组合框命令。单击"开发工具"选项卡,单击"控件"功能组中的"插入"按钮,在弹出的下拉列表中选择"组合框"选项,如左下图所示。

Step 14 绘制组合框。按住鼠标左键不放拖动绘制组合框的大小,如右下图所示。

温馨小提示

单击"文件"选项卡中的"选项"命令,打开"Excel 选项"对话框,单击"自定义功能区"选项,在右侧"主选项"列表框中,勾选"开发工具"复选框,单击"确定"按钮即可添加成功。

Step 15 执行组合框属性命令。选中绘制的组合框控件,单击"控件"功能组中的"控件属性"按钮,如左下图所示。

Step 16 设置"控制"选项卡。打开"设置控件格式"对话框,在"数据源区域"文本框中选择"A8:A10"单元格区域,在"单元格链接"文本框中选中 A6 单元格,在"下拉显示项数"文本框中输入"3",单击"确定"按钮,如右下图所示。

Step 17 选择图表显示的选项。经过以上操作后，图表中将不显示图表数据扇区，单击组合框控件，选择"现金支出小计"选项，如左下图所示。

Step 18 显示查看图表结果。经过上步操作后，查看现金支出小计图表，如右下图所示。

 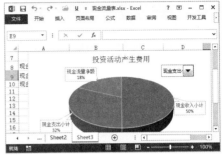

温馨小提示

使用函数返回图表的源数据并创建图表，然后使用控件即可根据需要查看不同选项的图表效果。如果图表的源数据不是用函数返回的结果，使用控件将不能显示其他相应的图表效果。

案例 05 制作项目投资方案表

案例效果

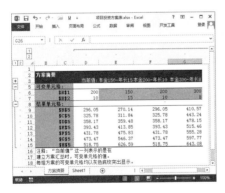 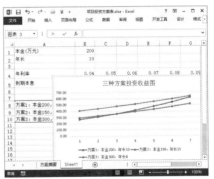

制作分析

本例难易度	制作关键	技能与知识要点
★★★★☆	假设某人投资一个项目，投入本金和年长分为三种方案。制作本实例时需要先输入本金、年长和年利率数据，再计算出到期本息值，然后使用方案管理器返回方案摘要，最后可以利用返回的结果值制作出图表，让读者查看何种方案投资最适合	◈ 输入方案基本信息 ◈ 使用公式计算出到期本息值 ◈ 方案管理器的应用 ◈ 返回方案摘要 ◈ 复制数据制作图表

具体步骤

1. 输入方案基本信息

假设一组投资方案，在方案中按不同的本金和年长值，根据不同的利率计算出到期的本息金额，下面先输入投资方案的基本信息。

Step 01 保存文件并输入基本信息。启动 Excel，命名为"项目投资方案表"，将工作簿保存至"案例 5"中，然后在工作表中输入基本信息，如左下图所示。

Step 02 调整行高。选择有信息的行，将鼠标移至行线上，按住鼠标左键不放拖动调整大小，如右下图所示。

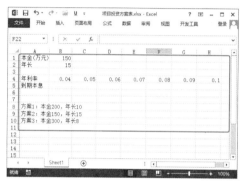 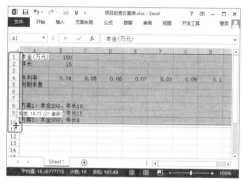

2. 计算到期本息值

到期本息是根据年利率不同，在投资年长中的金额不同，因此在单元格中根据提供的本金、年长和年利率计算出到期本息金额。在计算时，本金和年长不变的情况下进行计算，需要计算出到期本息值，并设置小数位数。

Step 01 输入计算到期本息的公式。在 B5 单元格中输入公式"=$B$1*(1+B4)^$B$2"，单击"编辑栏"中的"输入"按钮，如左下图所示。

Step 02 使用拖动方法填充公式。选中 B5 单元格，按住鼠标左键不放向右拖动填充到期本息的公式，如右下图所示。

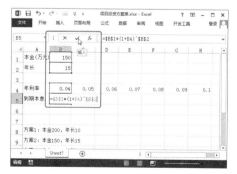 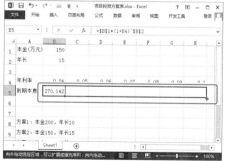

温馨小提示

Excel 中的自动填充功能，根据公式或数据可以向上、向下、向左或向右进行填充。但是在选择向左或向上填充时，鼠标需要移至选中单元格的右下角变成小"＋"，然后拖动鼠标才能执行命令。

Step 03 执行减少小数位数的操作。选择到期本息金额的单元格，单击"开始"选项卡，单击"数字"功能组中的"减少小数位数"按钮，如左下图所示。

Step 04 显示保留小数位数的效果。经过上步操作，将小数位数保留为两位，效果如右下图所示。

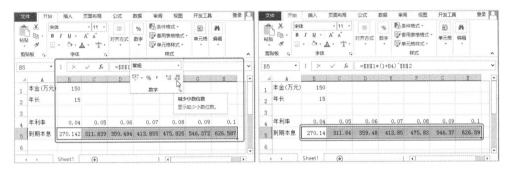

3. 使用方案管理器返回结果

在工作表中输入方案后，为了返回方案摘要报告，还需对提供的方案创建方案管理，在摘要信息中显示出各方案的结果。

Step 01 执行"方案管理器"命令。单击"数据"选项卡，单击"数据工具"功能组中的"模拟分析"下拉按钮，在弹出的下拉列表中选择"方案管理器"命令，如左下图所示。

Step 02 单击"添加"按钮。打开"方案管理器"对话框，单击"添加"按钮，如右下图所示。

数据透视图为默认格式时，水平轴文字变多将不能水平显示文本，因此需要调整数据透视图的大小。

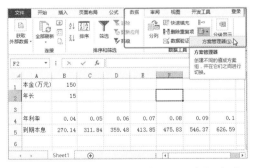 

Step 03 输入方案一的内容。打开"编辑方案"对话框，在"方案名"文本框中输入名称，在"可变单元格"文本框中选择变化的单元格区域，单击"确定"按钮，如左下图所示。

Step 04 单击"添加"按钮。打开"方案变量值"对话框，如果第一个方案数据不需要修改，直接单击"添加"按钮，如右下图所示。

Step 05 输入方案二的内容。打开"添加方案"对话框，在"方案名"文本框中输入名称，单击"确定"按钮，如左下图所示。

Step 06 单击"添加"按钮。打开"方案变量值"对话框，输入第二个方案的数值，单击"添加"按钮，如右下图所示。

Step 07 输入方案三的内容。打开"添加方案"对话框，在"方案名"文本框中输入名称，单击"确定"按钮，如左下图所示。

Step 08 单击添加按钮。打开"方案变量值"对话框，输入第三个方案的数值，单击"确定"按钮，如右下图所示。

温馨小提示

　　在"方案管理器"对话框中，输入完方案信息后，需要查看某一组方案，直接在"方案"列表框中选中，单击"显示"按钮，即可在工作表中查看方案的相关信息。

Step 09　执行显示方案二。在"方案管理器"对话框中，选择"本金200-年长10"选项，单击"显示"按钮，如左下图所示。

Step 10　在工作表中显示方案效果。在方案管理器中选择第二个方案后，工作表区域中自动更换为第二个方案的数据和结果值，如右下图所示。

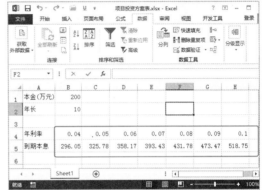

Step 11　单击"摘要"按钮。在"方案管理器"对话框中，确认输入的所有方案后，单击"摘要"按钮，如左下图所示。

Step 12　选择结果单元格。打开"方案摘要"对话框，在"结果单元格"文本框中确认到期本息的单元格区域，单击"确定"按钮，如右下图所示。

Step 13　显示创建的方案摘要。经过以上操作，对投资的三个方案创建出方案摘要信息，效果如下图所示。

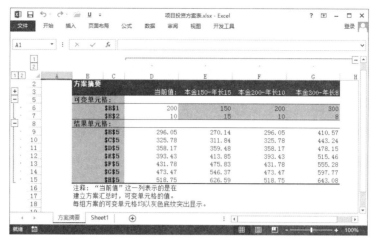

　　方案变量值中的可变单元格数据是用户自己假设的一个数值，可以根据自己的假设条件给出值。

4．使用图表显示到期本息

　　在方案摘要工作表中，以灰色底纹突出显示变化的单元格，将结果单元格的数据显示在各可变单元格的下方，为了比较各方案的收益情况，可以将结果数据复制到 Sheet1 中，然后创建图表，使用图表的形式查看到期本息效果。

Step 01 单击"复制"按钮。选择结果值单元格区域，单击"开始"选项卡，单击"剪贴板"功能组中的"复制"按钮，如左下图所示。

Step 02 执行"转置"命令。切换至 Sheet1 工作表，将光标定位至 B8 单元格中，单击"剪贴板"功能组中的"粘贴"下拉按钮，在弹出的下拉列表中选择"转置"命令，如右下图所示。

Step 03 执行创建图表的操作。选择需要创建图表的数据区域，单击"插入"选项卡，单击"图表"功能组中的"折线图"下拉按钮，在弹出的下拉列表中选择"带数据标记的折线图"类型，如左下图所示。

Step 04 选择标题文本。选中图表的标题文本框，然后在文本框中输入用户需要
的标题文本，如右下图所示。

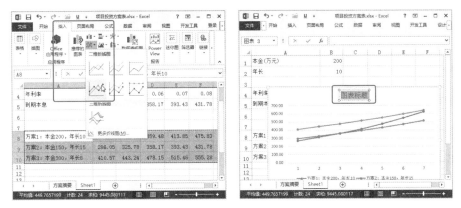

Step 05 显示输入标题效果。在图表中输入标题文本，效果如下图所示。

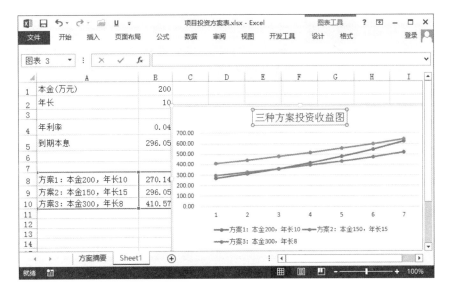

本章小结

　　在本章中主要学习了导入与分析外部数据、使用模拟运算计算出变量数
据、根据变量创建出图表和利用方案管理器分析投资方案。制作这些案例时，
都是假设一组数据而进行的相关操作，用户可以根据实际情况输入相关数据
进行操作。

CHAPTER

09

典型应用——Excel 在行政文秘工作中的应用

■ **本章导读**

在工作中，遇到要创建规范的表格，例如，员工信息登记表、考勤表或者每月的盘点清单表，该怎么办呢？在工作中会使用 Office，是一个行政文秘最基本的条件，也是胜任工作的前提。Excel 是 Office 的成员之一，能快速处理日常事务。本章主要介绍如何制作常用的表格以及在表格中进行简单的计算等操作。

■ **案例展示**

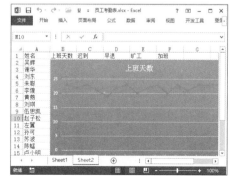

9.1 知识链接——行政文秘职业知识

▶ 文秘是随着科学经济高速发展、信息传播急剧膨胀、社会竞争日趋激烈而产生的一门新兴现代科学管理专业。作为一种全球性的职业，文秘工作越来越趋于现代化、科学化和专业化。它在辅助各级领导进行综合管理、树立企业形象、沟通内外关系、处理信息交流等方面发挥着越来越重要的作用。

主题 01 行政文秘的工作范畴

行政文秘主要是协助行政经理开展工作。行政文秘的工作内容以公司运营保障为主，工作内容较多元化，但都较为基础。

- 协助行政部经理完成公司行政事务工作及部门内部日常事务工作。
- 协助审核、修订公司各项管理规章制度，进行日常行政工作的组织与管理。
- 各项规章制度监督与执行。
- 参与公司绩效管理、考勤、奖惩办法的执行等工作。
- 协助行政部经理进行内务、安全管理，为其他部门提供及时有效的行政服务。
- 会务安排：做好会前准备、会议记录和会后内容整理工作。
- 负责公司快件及传真的收发及传递。
- 参与公司行政、采购事务管理。
- 负责公司各部门办公用品的领用和分发工作。
- 做好材料收集、档案管理、文书起草、公文制定、文件收发等工作。
- 对外相关部门联络接待，对内接待来访、接听来电、解答咨询及传递信息等工作。
- 协助办理面试接待、会议、培训、公司集体活动组织与安排、节假日慰问等工作。
- 协助行政部经理做好公司各部门之间的协调工作。

主题 02 有了 Excel，行政文秘工作不犯愁

行政文秘的工作内容比较烦琐，为了简化工作，提高工作效率，可以利用 Excel 来处理日常事务。例如使用员工登记表存档，方便日后能快速调出员工的基本档案信息；根据每月的清单数据制作每年的报表数据。

9.2 同步训练——实战应用成高手

▶ 根据 Excel 2013 在行政与人力资源中的应用，制作出员工信息登记表、员工考勤表及办公用品盘点清单表，希望读者能跟着我们的讲解，一步一步地做出与书同步的效果。

学习资料

为了方便学习，本节相关实例的素材文件、结果文件，以及同步教学文件可以在配套的光盘中查找，具体内容路径如下。

原始素材文件：	光盘 \ 素材文件 \ 第 9 章 \ 同步训练 \
最终结果文件：	光盘 \ 结果文件 \ 第 9 章 \ 同步训练 \
同步教学文件：	光盘 \ 多媒体教学文件 \ 第 9 章 \ 同步训练 \

案例 01 制作员工信息登记表

案例效果

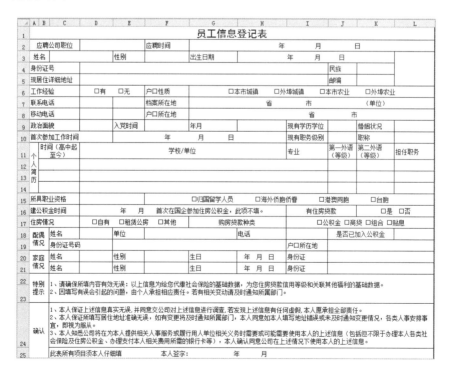

 **制作分析**

本例难易度	制作关键	技能与知识要点
★★★☆☆	员工信息登记表是每位员工刚入职时所填写的基本信息表，在人事管理中都需要进行存档。下面介绍将已有的基本数据复制到表格中，然后调整表格行高、列宽，最后为表格添加边框	◇ 执行复制、粘贴命令 ◇ 调整表格行高与列宽 ◇ 执行合并命令 ◇ 为表格添加边框

具体步骤

1. 导入已有信息

启动 Excel 2013 后，用户可以根据自己的需要输入表格信息，也可以将已有的文本信息导入至表格中。如果文本信息设置了制表符，则可以选择导入数据的方式进行操作。

Step 01 执行"复制"命令。启动 Excel 2013，打开素材文件"模板信息"，选中所有文本信息，单击"剪贴板"功能组中的"复制"按钮，如左下图所示。

Step 02 执行"使用文本导入向导"命令。切换至 Excel 文件，选中 A1 单元格，单击"开始"选项卡"剪贴板"功能组中的"粘贴"下拉按钮，在弹出的下拉列表中选择"使用文本导入向导"命令，如右下图所示。

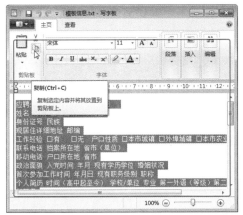 

温馨小提示

如果不需要调整在其他文件中的信息位置，直接复制信息后，选择"粘贴"下拉列表中的"只保留文本"选项即可。

Step 03 单击"下一步"按钮。打开"文本导入向导，第 1 步，共 3 步"对话框，单击"下一步"按钮，如左下图所示。

Step 04 选择分隔符号。在"文本导入向导，第 2 步，共 3 步"对话框中，勾选"空格"复选框，单击"下一步"按钮，如右下图所示。

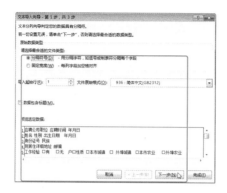 

温馨小提示

在"文本导入向导，第 2 步，共 3 步"对话框中，根据原资料中的分隔符进行选择，不能随意修改。需要注意的是，"逗号"必须是英文状态下的才能分隔出信息。

Step 05 单击完成按钮。在"文本导入向导，第 3 步，共 3 步"对话框中，单击"完成"按钮，如左下图所示。

Step 06 显示导入文本效果。经过以上操作，将文本信息导入 Excel 中，效果如右下图所示。

 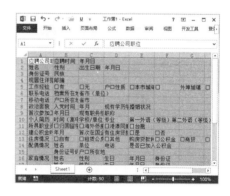

2. 设置单元格格式

在输入工作表的内容时，如果用户少输入了一些内容，需要添加时，可以使用插入单元格或插入行、列进行添加，这样可以保证表格内容不会发生改变。如果在表格中插入了多余的单元格、行/列，也可以使用删除的方法将其删除。为了使表格更加完善，还会对单元格的行高/列宽进行设置，以及进行合并单元格等相关内容的操作。

Step 01 拖动调整列宽。将信息导入表格中，另存为"员工信息登记表"保存至结果文件"案例 01"。将鼠标移至 A 列的列宽线上，按住鼠标左键不放拖动调整第 1 列的宽度，如左下图所示。

Step 02 调整多列的列宽。选中 B:I 列，将鼠标移至任意列宽线上，双击，自动调整列宽，如右下图所示。

 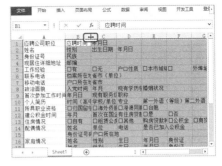

温馨小提示

如果不想让列宽随文本的多少而决定宽度时，可以直接将鼠标指针移至列线上，按住鼠标左键不放拖动调整宽度即可。

Step 03 执行"行高"命令。选中要更改行高的行，右击，在弹出的快捷菜单中选择"行高"命令，如左下图所示。

Step 04 输入行高数值。打开"行高"对话框，在"行高"文本框中输入要设置的行高值，单击"确定"按钮，如右下图所示。

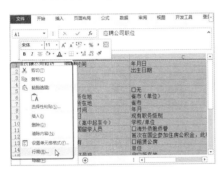 

Step 05 执行"插入"命令。在第 1 行的行标上右击，在弹出的快捷菜单中选择"插入"命令，如左下图所示。

Step 06 调整行高。将鼠标移至第 1 行高线上，按住鼠标左键不放拖动调整行高，如右下图所示。

![温馨小提示]

> 在 Excel 2013 中，如果在某一行标上右击，在弹出的快捷菜单中选择"插入"命令，即可插入一行。如果需要插入多行时，在表格中选中多行，然后执行"插入"命令，就可以得到相应的行。

3. 合并单元格

在制作表格和美化表格时，经常需要将一个数据放置于多个连续的单元格上，此时则需要将单元格进行合并。

Step 01 执行合并单元格的操作。选中 A1:L1 单元格区域，单击"对齐方式"功能组中的"合并后居中"按钮，如左下图所示。

Step 02 移动文本位置。选中需要调整位置的文本，按住鼠标左键不放拖动至目标单元格，如右下图所示。

 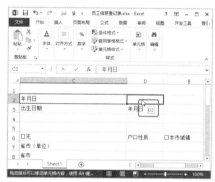

Step 03 显示调整后的效果。使用调整文本位置和合并单元格的方法，将导入的文本调整为下图所示的效果。

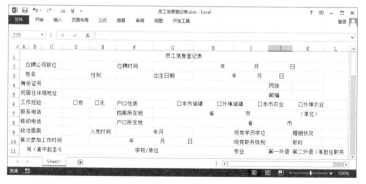

Step 04 执行"自动换行"命令。选中 A11 单元格，在"开始"选项卡中，单击"对齐方式"功能组中的"自动换行"按钮，如左下图所示。

Step 05 显示自动换行的效果。选择需要自动换行的单元格，重复第 4 步的操作，设置需要自动换行的单元格，效果如右下图所示。

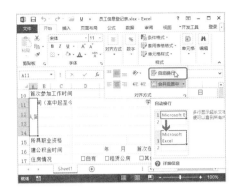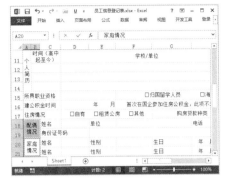

4．添加边框

在 Excel 中，默认情况下单元格是没有添加边框的，所见的边框线都是虚线，打印表格时不会打印出来，因此用户需要制作带有边框的表格时，必须自动进行设置。

Step 01 执行"其他边框"命令。选中 A1:L25 单元格区域，单击"字体"功能组中"边框"右侧的下拉按钮，在弹出的下拉列表中选择"其他边框"命令，如左下图所示。

Step 02 设置边框线。打开"设置单元格格式"对话框，在"边框"选项卡中，设置外边框和内边框的线条样式，然后单击"确定"按钮，如右下图所示。

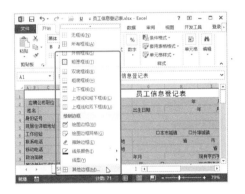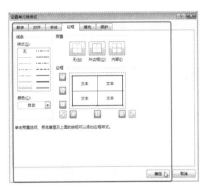

温馨小提示

在对单元格边框进行设置时，如果需要带有颜色的边框线条，则必须先选择颜色和线条样式，再选择需要添加的单元格边框。

5．编辑单元格文本

在工作表中输入文本，都是默认的字体格式。如果要设置标题文字的字体，让文本更加醒目，可以使用以下方法。

Step 01 选择字体。选中 A1 单元格，单击"字体"右侧的下拉按钮，在弹出的下拉列表中选择需要的字体，如"黑体"，如左下图所示。

Step 02 输入字号。选中 A1 单元格，在"字号"文本框中输入字号，然后按【Enter】键即可完成字号设置，如右下图所示。

案例 02 制作员工考勤表

案例效果

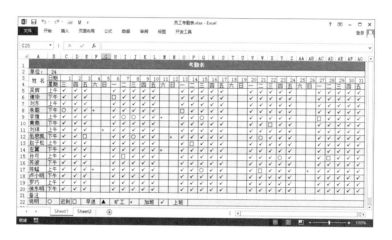

制作分析

本例难易度	制作关键	技能与知识要点
★★★☆☆	考勤表是公司员工每天上班的凭证，也是员工领取工资的凭证，因为它记录了员工上班的天数。考勤表包括公司员工的具体上下班时间，以及迟到 / 早退 / 旷工 / 病假 / 事假 / 休假的情况。考勤表可以作为文本的"证据"，本案例主要介绍如何制作考勤表的基本格式以及分析表格数据	◇ 输入文本 ◇ 设置文本格式 ◇ 添加边框 ◇ 保存文本 ◇ 合并单元格 ◇ 美化表格与文本 ◇ 创建图表

具体步骤

1. 输入员工考勤表基本信息

在制作考勤表时，首先需要在 Excel 中把公司的考勤基本内容输入进去，然后再对格式进行设置，最后根据需要对相关数据进行分析。

Step 01 调整输入法输入文本。启动 Excel 软件，将输入法调整为自己熟悉的输入方式，然后在单元格中输入文本，如左下图所示。

Step 02 显示输入文本的效果。在 Sheet1 工作表中输入右下图所示的文本。

 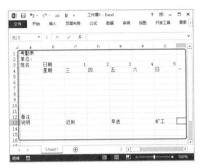

Step 03 执行插入符号命令。选中 B13 单元格，选择"插入"选项卡，在"符号"功能组中单击"符号"按钮，如左下图所示。

Step 04 选择需要插入的符号。打开"符号"对话框，在符号框中选择需要的符号，单击"插入"按钮，如右下图所示。

 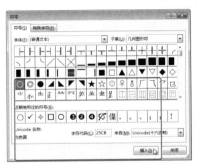

Step 05 执行"关闭"命令。在"符号"对话框中选择插入多个符号后，单击"关闭"按钮，关闭对话框，如左下图所示。

Step 06 执行"剪切"命令。选中 B13 单元格其他符号，单击"剪贴板"功能组中的"剪切"按钮，如右下图所示。

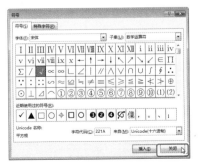 

Step 07 执行"粘贴"命令。选中 D13 单元格其他符号，单击"剪贴板"功能组中的"粘贴"按钮，然后重复第 6 步和第 7 步的操作将其他符号分别插入目标单元格，如左下图所示。

Step 08 添加边框线。选中 A1:AG22 单元格区域，单击"边框线"右侧的下拉按钮，在弹出的下拉列表中选择"所有框线"命令，如右下图所示。

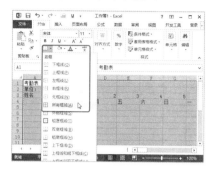

Step 09 执行"合并后居中"操作。选中 A1:AG1 单元格区域，单击"对齐方式"功能组中的"合并后居中"按钮，如左下图所示。

Step 10 快速输入多个文本。按住【Ctrl】键不放，选中多个不连续的单元格，然后输入文本，按【Ctrl+Enter】组合键确认，如右下图所示。

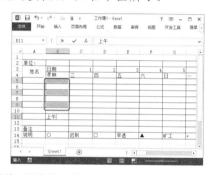

Step 11 显示输入文本效果。重复第10步的操作，最终快速输入文本的效果如左下图所示。

Step 12 执行"插入"命令。选中 B5:B12 单元格区域，右击，在弹出的快捷菜单中选择"插入"命令，如右下图所示。

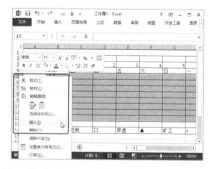

Step 13 复制文本。选中 B13:B20 单元格区域，按住【Ctrl】键 + 鼠标拖动的方式复制文本，当鼠标上显示有"+"号时表示复制，否则就是移动文本，如左下图所示。

Step 14 执行保存命令。设置完表格后，单击快速访问工具栏上的"保存"按钮 💾，如右下图所示。

Step 15 选择文档保存位置。在"文件"选项卡中选择"另存为"命令，选择"计算机"选项，单击"浏览"按钮，选择文档保存位置，如左下图所示。

Step 16 输入文档名称并执行保存命令。打开"另存为"对话框，在"文件名"文本框中输入名称，单击"保存"按钮，如右下图所示。

2．编辑表格

在表格中输入完基本信息后，会根据内容对单元格的大小进行调整，让页面更加美观。下面介绍设置列宽与添加表格样式等内容。

Step 01 执行"列宽"命令。选中 C:AG 列，右击，在弹出的快捷菜单中选择"列宽"命令，如左下图所示。

Step 02 输入列宽值。打开"列宽"对话框，在"列宽"文本框中输入数据值，单击"确定"按钮，如右下图所示。

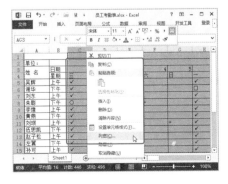 

Step 03 应用表格样式。选中 A1:AG22 单元格区域，单击"样式"功能组中的"套用表格格式"
下拉按钮，在弹出的下拉列表中选择"表样式中等深浅 2"样式，如左下图所示。

Step 04 设置套用表格式选项。打开"套用表格式"对话框，确认数据区域后，
勾选"表包含标题"复选框，单击"确定"按钮，如右下图所示。

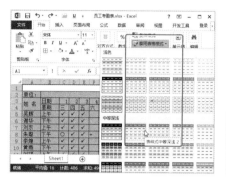 

温馨小提示

在套用表格式时，勾选"表包含标题"复选框，则应用样式后，仍保留表
格中的标题文本，否则直接用列 1、列 2……代替。

3. 转换表格

为表格添加内置的样式后，标题行的格式会发生改变，如果用户只需内置样式，
可以通过转换区域的方式将表格转换过来，然后对表格的格式进行调整。

Step 01 执行转换为区域命令。选中 A1:AG1 列，单击"设计"选项卡，单击"工
具"功能组中的"转换为区域"按钮，如左下图所示。

Step 02 确认转换操作。打开 Microsoft Excel 对话框，单击"是"按钮，确认转
换为普通区域，如右下图所示。

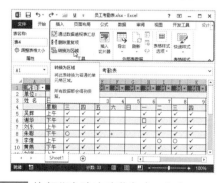 

Step 03 执行"清除内容"命令。选中 B1:AG1 列，右击，在弹出的快捷菜单中选择"清
除内容"命令，如左下图所示。

Step 04 执行合并后居中命令。选中 A1:AG1 单元格区域，单击"对齐方式"功
能组中的"合并后居中"按钮，如右下图所示。

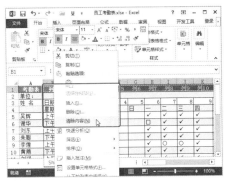 

在 Excel 中选择要合并的单元格区域后，直接单击"合并后居中"按钮，合并的内容直接为居中效果。如果需要文本左对齐或其他方式，则可以将合并后的内容单击"对齐方式"功能组中的其他对齐方式。如果需要合并单元格，文本保持原样，则可以选中要合并的单元格，单击"合并后居中"右侧的下拉按钮，在弹出的下拉列表中选择"合并单元格"命令即可。

4．计算考勤值

作为考勤员，月末的时候都会将各员工的数值统计出来，下面使用COUNTIF() 函数根据条件计算出各员工的考勤数值。

Step 01 执行新建工作表命令。将数据值存放在新的工作表中，单击Sheet1 右侧的 ⊕ 按钮，新建工作表，如左下图所示。

Step 02 复制姓名区域。选中要复制的姓名单元格区域，单击"剪贴板"功能组中的"复制"按钮，如右下图所示。

Step 03 执行粘贴值命令。选中 A1 单元格，单击"剪贴板"功能组中的"粘贴"下拉按钮，在弹出的下拉列表中选择"值"选项，如左下图所示。

Step 04 复制考勤符号。在 B1:F1 单元格区域输入考勤表考勤标记名称，在 Sheet1 工作表中选中 C5 单元，按【Ctrl+C】组合键复制，如右下图所示。

 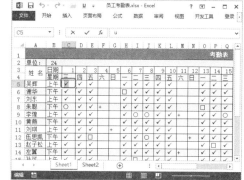

Step 05 输入计算公式。在 Sheet2 工作表的 B2 单元格中输入公式 "=COUNTIF(Sheet1! C5:AG5,"ü")"，然后单击"编辑栏"中的"输入"按钮，如左下图所示。

Step 06 执行自动填充操作。在 C2、D2、E2、F2 单元格中依次输入计算公式 "=COUNTIF(Sheet1!C5:AG5," ○ ")、=COUNTIF(Sheet1!D5:AH5," □ ")、=COUNTIF(Sheet1!E5:AI5," ▲ ")、=COUNTIF(Sheet1!E5:AI5,"+")"；然后选中 B2:F2 单元格区域，将鼠标移至右下角，等鼠标指针变成"**+**"形状时，双击即可自动填充，如右下图所示。

温馨小提示

在单元格中参与计算的内容要使用插入的符号时，系统会自动将复制的符号变为其他能误码的字符，然后才能计算出相关数据。

5. 创建图表

将各员工的考勤表统计出来后，如果只对员工上班的天数作比较，可以使用图表的方式进行查看。下面介绍创建及设置图表的知识。

Step 01 执行插入图表的操作。选中 A1:B16 单元格区域，单击"插入"选项卡，单击"图表"功能组中的"插入折线图"下拉按钮，在弹出的下拉列表中选择"带数据标记的折线图"选项，如左下图所示。

Step 02 为图表添加趋势线。选中图表，在"设计"选项卡中单击"图表布局"功能组中的"添加图表元素"下拉按钮，在弹出的下拉列表中选择"趋势线"命令，在弹出的下一级列表中选择"线性"命令，如右下图所示。

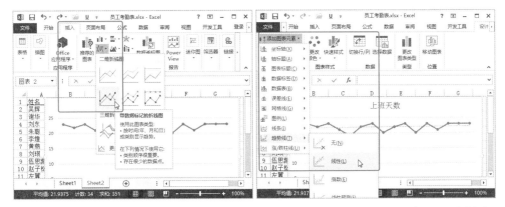

Step 03 选择数据标记颜色。选中图表，单击"图表工具 - 设计"选项卡，单击"图表样式"功能组中的"更改颜色"下拉按钮，在弹出的下拉列表选择需要的颜色，如左下图所示。

Step 04 为图表区域添加颜色。选中图表区域，在"图表工具 - 格式"选项卡中单击"图表布局"功能组中的"下翻"按钮⃞，选择需要的样式，如右下图所示。

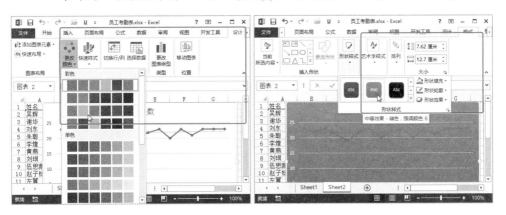

温馨小提示

　　创建图表后，图表中包含绘图区、图表区、垂直（值）轴、垂直（值）轴主要网格线、水平（类别）轴、系列"上班天数"及系列"上班天数"趋势线 1。要想快速选择其中的某一选项，直接单击"图表工具 - 格式"选项卡"当前所选内容"功能组中的 绘图区 下拉框，然后选择需要设置的选项即可。

案例 03 制作办公用品盘点清单表

案例效果

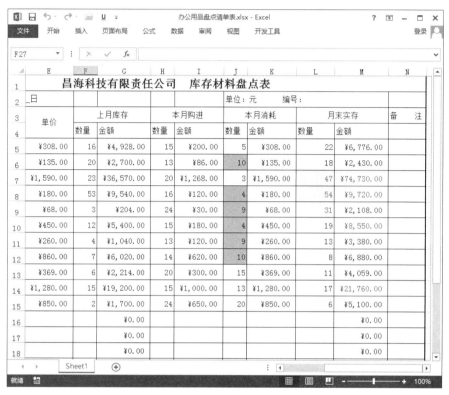

制作分析

本例难易度	制作关键	技能与知识要点
★★★★☆	盘点表主要是针对公司目前所有的产品进行清查得出数据。根据数据对产品进行分析，分析出哪些产品类型的利益化相对较大，哪些类型的产品属于滞销。因此公司每月月初都会对各门市作一次盘点。制作本案例，首先需要输入盘点表的所有明细科目，然后根据盘点的结果将数据输入至表格中，最后使用条件格式对库存数量及本月销量进行标记，制作出一张具有模板性质的盘点表	◇ 输入基本信息 ◇ 设置表格格式 ◇ 按条件格式标记数据 ◇ 为表格添加边框线

具体步骤

1. 输入与编辑盘点表

如果公司是做销售产品，每月都会做一次盘点，查看产品的销售情况。本节主要介绍制作盘点表的基本表格。首先在打开的工作簿中输入盘点表内容，然后根据内容对表格进行设置，如设置边框、字符格式、货币格式等。

Step 01 输入盘点表的项目名称与数据。在 Sheet1 工作表中输入下图所示的项目名称和盘点表的相关数据。

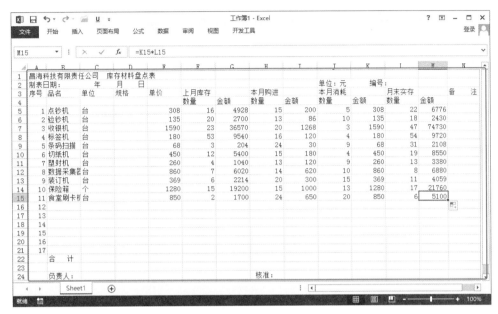

Step 02 设置货币格式。选择输入货币的单元格，单击"数字"功能组中"常规"右侧的下拉按钮，在弹出的下拉列表中选择"货币"选项，如左下图所示。

Step 03 调整货币列宽。选择含有货币列，单击"单元格"功能组中的"格式"下拉按钮，在弹出的下拉列表中选择"自动调整列宽"命令，如右下图所示。

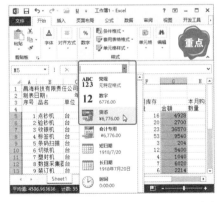
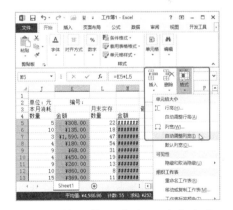

Step 04 执行合并单元格的操作。选择 A3 和 A4 单元格，单击"对齐方式"功能组中的"合并后居中"按钮，对需要合并的单元格进行合并操作，如左下图所示。

Step 05 显示合并单元格的效果。如果在表格中还有其他单元格需要合并，则选中单元格，重复操作第 4 步即可，合并后的效果如右下图所示。

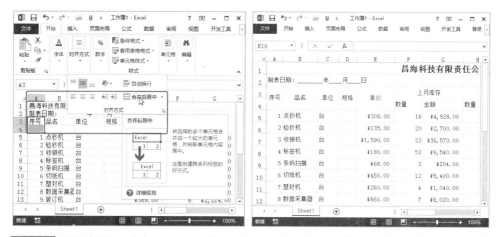

Step 06 设置行高。选择 A1:N24 行，单击"单元格"功能组中的"格式"下拉按钮，在弹出的下拉列表中选择"行高"命令，如左下图所示。

Step 07 输入行高值。打开"行高"对话框，在"行高"文本框中输入行高值，单击"确定"按钮，如右下图所示。

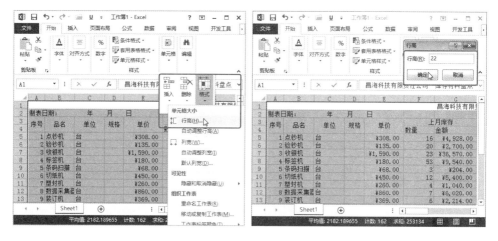

温馨小提示

如果在输入的单元格中输入信息并设置字号大小后，也可以选中需要设置的行数，选择"格式"下拉列表中的"自动调整行高"命令。

Step 08 设置标题字符格式。选择 A1 单元格设置标题字符格式，在"字体"功能组中将标题文本设置为"16"和"加粗"格式，如左下图所示。

Step 09 添加下画线。选择 A2 单元格，在编辑栏中选择"年"前面的空白区域，单击"字体"功能组中的"下画线"按钮，如右下图所示。

Step 10 显示添加下画线的效果。选中"月"和"日"前面的空格，重复操作第 9 步，即可添加下画线，如左下图所示。

Step 11 执行保存命令。在快速访问工具栏上单击"保存"按钮，如右下图所示。

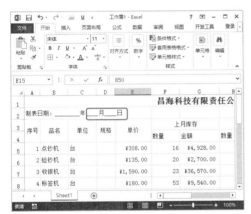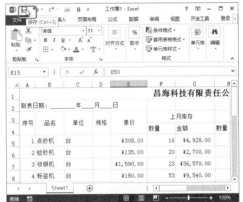

Step 12 选择保存位置。切换至"文件"面板中，选择文件存放位置，如左下图所示。

Step 13 输入文档名称并保存。打开"另存为"对话框，在"文件名"文本框中输入名称，单击"保存"按钮，如右下图所示。

温馨小提示

要查看 Excel 默认的保存位置，可以启动 Excel 程序，通过 Excel 选项进行查看。其方法是：单击"文件"选项卡，在下拉列表中选择"选项"命令，打开"Excel 选项"对话框，在"保存"选项卡右侧面板中即可看到默认的保存位置。

2. 标记盘点表

在盘点表中输入数据后，都会对数据进行分析或处理，如使用颜色将产品销售情况较好与较差的数据都标记出来，然后对产品的销售进行分析。

Step 01 执行条件格式操作。选择 M5:M20 单元格区域，单击"样式"功能组中的"条件格式"下拉按钮，如左下图所示。

Step 02 选择"大于"命令。在弹出的下拉列表中选择"突出显示单元格规则"命令，在弹出的下一级列表中选择"大于"命令，如右下图所示。

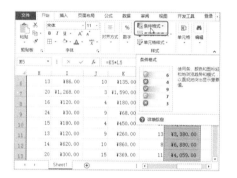
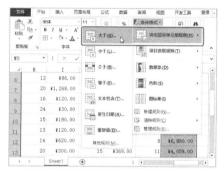

Step 03 设置条件。打开"大于"对话框，设置数据值和颜色，单击"确定"按钮，如左下图所示。

Step 04 执行"重复值"命令。选择 I5:I20 单元格区域，单击"条件格式"下拉按钮，在弹出的下拉列表中选择"突出显示单元格规则"命令，在弹出的下一级列表中选择"重复值"命令，如右下图所示。

Step 05 选择"自定义格式"选项。打开"重复值"对话框，单击"设置为"右侧的下拉按钮，在弹出的下拉列表中选择"自定义格式"选项，如左下图所示。

Step 06 设置重复值的底纹。打开"设置单元格格式"对话框,单击"填充"选项卡,选择填充的颜色,单击"确定"按钮,如右下图所示。

Step 07 显示设置重复值的效果。返回"重复值"对话框,单击"确定"按钮,关闭对话框,设置重复值的底纹效果如左下图所示。

Step 08 执行"高于平均值"命令。选择单元格区域,单击"条件格式"下拉按钮,在弹出的下拉列表中选择"项目选取规则"命令,在弹出的下一级列表中选择"高于平均值"命令,如右下图所示。

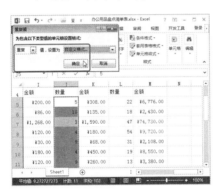

Step 09 设置单元格条件格式。打开"高于平均值"对话框,在"针对选定区域,设置为"下拉列表框中选择"黄填充色深黄色文本"选项,单击"确定"按钮,如左下图所示。

Step 10 显示设置单元格条件格式的效果。经过上步操作后,设置单元格条件格式的效果如右下图所示。

3. 添加边框线

制作完表格后，可以为表格添加边框线，让表格更加醒目。为表格添加不同的边框线，可以通过以下方法进行操作。

Step 01 执行其他边框命令。选择 A1:N24 单元格区域，单击"字体"功能组中"边框"右侧的下拉按钮，在弹出的下拉列表中选择"其他边框"命令，如左下图所示。

Step 02 设置外边框。打开"设置单元格格式"对话框，在"边框"选项卡的"线条样式"列表框中选择需要的样式，单击"外边框"按钮，如右下图所示。

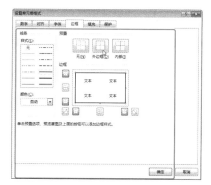

Step 03 添加内边框并确定。在"边框"选项卡的"线条样式"列表框中选择需要的样式，单击"内部"按钮，最后单击"确定"按钮，完成添加内边框的操作，如左下图所示。

Step 04 显示添加边框的效果。经过以上操作，为表格添加边框线，效果如右下图所示。

本章小结

本章主要介绍了 Excel 在行政文秘领域中的应用，通过完整的案例介绍知识点，让读者能快速学习和掌握 Excel 软件。在本章的案例中主要应用了输入与编辑文本 / 数据、单元格操作，以及分析表格数据等知识。

10 典型应用——Excel 在 人力资源工作中的应用

■ 本章导读

　　对于各行业的一线办公人员来说，Excel 是一个不错的选择，它和各行各业的数据处理、分析应用结合得非常紧密，深受专业办公人员的青睐。本章主要从人力资源管理的角度出发，通过案例的方式详细讲解，利用 Excel 软件来处理人力资源管理工作中各种实际问题的方法。

■ 案例展示

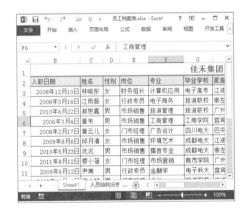

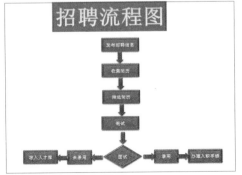

知识链接——人力资源知识

▶ 人力资源是指人类进行生产或提供服务，推动整个经济和社会发展的劳动者的各种能力的总和。从企业管理的角度看，人力资源是由企业支配并加以开发的、依附于企业员工个体的、对企业经济效益和企业发展具有积极作用的劳动能力的总和。

主题 01 人力资源，干什么呢

人力资源职位在公司主要是做什么呢？人力资源是一项系统的战略工程，它以企业发展战略为指导，以全面核查现有人力资源、分析企业内外部条件为基础，以预测组织对人员的未来供需为切入点，内容包括晋升规划、补充规划、培训开发规划、人员调配规划、工资规划等，基本涵盖了人力资源的各项管理工作，人力资源规划还通过人事政策的制定对人力资源管理活动产生持续和重要的影响。

- 人力资源规划。作为长期发展的公司,都需要制作一个战略规划、组织规划、制度规划、人员规划和费用规划的相关内容。
- 招聘与配置。组织为了发展的需要，根据人力资源规划和工作分析的要求，寻找、吸引那些有能力又有兴趣到本组织任职的人员，并从中选出适宜人员予以录用的过程。
- 培训与开发。培训开发是指组织通过学习和训导来提高员工的工作能力和知识水平，最大限度地使员工的个人素质与工作需求相匹配，以提高员工现在和将来的工作绩效。
- 考核与评价。所谓绩效管理，是指各级管理者和员工为了达到组织目标共同参与的绩效计划制定、绩效辅导沟通、绩效考核评价、绩效结果应用、绩效目标提升的持续循环过程。绩效管理的目的是持续提升个人、部门和组织的绩效。
- 薪酬与福利管理。薪酬管理，是指在组织发展战略指导下，对员工薪酬支付原则、薪酬策略、薪酬水平、薪酬结构、薪酬构成进行确定、分配和调整的动态管理过程。
- 劳动关系。"劳动关系管理"是指传统的签合同、解决劳务纠纷等内容。劳动关系管理是对人的管理，对人的管理是一个思想交流的过程，在这一过程中的基础环节是信息传递与交流。

主题 02　Excel 能为人力资源做些什么事

人力资源的工作内容比较烦琐，为了简化工作，提高工作效率，可以利用 Excel 来处理日常事务。例如，制作员工档案表，以形状的方式制作招聘流程图；为了考核员工对公司的了解程度，制作出考核的成绩表。通过这些表格的制作、存档，方便日后添加新进员工的操作和查询员工资料。

10.2　同步训练——实战应用成高手

▶ 根据 Excel 2013 在人力资源中的应用，列举几个典型实例，如制作出员工档案表、招聘流程图及员工培训成绩表。希望读者能跟着我们的讲解，一步一步地做出与书同步的效果。

学习资料

为了方便学习，本节相关实例的素材文件、结果文件，以及同步教学文件可以在配套的光盘中查找，具体内容路径如下。

最终结果文件：光盘 \ 结果文件 \ 第 10 章 \ 同步训练 \
同步教学文件：光盘 \ 多媒体教学文件 \ 第 10 章 \ 同步训练 \

案例 01　制作公司员工档案表

案例效果

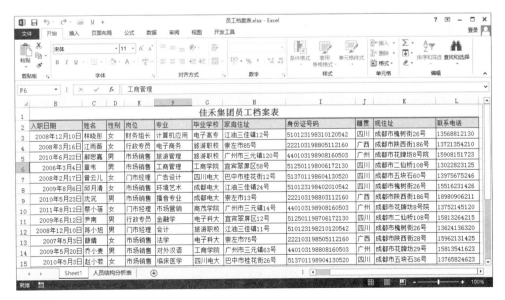

制作分析

本例难易度	制作关键	技能与知识要点
★★★☆☆	档案表是每位员工的基本信息表，在人事管理中都需要进行存档。根据不同的行业，填写的档案表有所不同。下面介绍输入文本或数据的方法，保存文档、设置单元格格式及保护工作表的相关知识	◇ 输入表格信息 ◇ 设置表格格式 ◇ 设置单元格样式 ◇ 新建与编辑工作表 ◇ 保护工作表

具体步骤

1. 输入公司员工档案表标题

在 Excel 工作表中，单元格内的数据可以有多种不同的类型，例如文本、日期和时间、百分数等，不同类型的数据在输入时需要使用不同的输入方式，下面介绍如何输入档案表的信息。

Step 01 输入标题文本。启动 Excel 2013，设置输入法，在 A1 单元格中输入需要的文本，使用鼠标选择文本，如果出现在第一个位置，则按空格键上屏即可，如左下图所示。

Step 02 输入员工编号文本。输入标题行后，将输入状态调整为英文状态，在 A3 单元格中先输入单引号 "'"，再输入编辑内容，如右下图所示。

Step 03 执行启动对话框的操作。选择需要设置日期格式的单元格区域，单击"数字"功能组中右下角的"对话框启动器"按钮，如左下图所示。

Step 04 选择日期格式。打开"设置单元格格式"对话框，选择"分类"列表框中的"日期"选项，在右侧的"类型"列表框中选择需要的日期格式，如"2012年3月14日"，单击"确定"按钮，如右下图所示。

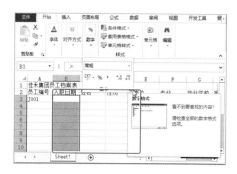 

Step 05 输入日期。在 B3 单元格中输入日期，按【Tab】键移动至下一单元格，如左下图所示。

Step 06 显示输入日期的效果。经过以上操作，在 B3 单元格中输入日期的效果如右下图所示。

2. 输入与保存文档

录入数据是处理和分析数据的前提，要提高 Excel 软件应用的效率，首先需要提高输入数据的速度。录入完数据后，需要对文档进行保存。下面为读者介绍在 Excel 2013 中快速输入数据、填充数据及保存文档的方法。

Step 01 选择单元格并输入内容。选择要输入相同内容的多个单元格或单元格区域，在一个单元格中输入数据，如左下图所示。

Step 02 显示执行输入内容的效果。输入完数据后，按【Ctrl+Enter】组合键，即可一次性输入多个单元格的内容，如右下图所示。

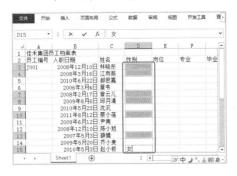 

温馨小提示

如果只是在单个单元格中输入了内容，可以使用复制的方法，快速将内容粘贴到其他单元格中，其方法为：选中输入的内容，按【Ctrl+C】组合键复制，然后按住【Ctrl】键不放，选择不相邻的其他单元格，选择完后，按【Ctrl+V】组合键粘贴即可。

Step 03 执行自动填充数据的操作。选择 A3 单元格，按住鼠标左键不放拖动向下填充员工编号，如左下图所示。

Step 04 显示自动填充数据的效果。经过上步操作后，填充员工编号的效果如右下图所示。

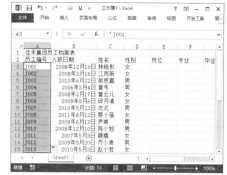

Step 05 执行添加边框的操作。在表格中输入完数据信息后，选中 A1:L1 单元格区域并执行合并操作，然后选择 A1:L15 单元格区域，单击"字体"功能组中"边框"右侧的下拉按钮，在弹出的下拉列表中选择"所有框线"命令，如左下图所示。

Step 06 输入标题行文本字号。选中标题行文本，在"字体"功能组中"字号"的文本框中输入字号大小，如"16"，如右下图所示。

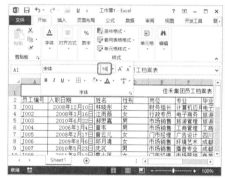

Step 07 执行保存命令。在表格中调整完表格后，单击快速访问工具栏上的"保存"按钮，如左下图所示。

Step 08 单击浏览按钮。进入文件面板中，选择"计算机"选项，然后单击右侧的"浏览"按钮，如右下图所示。

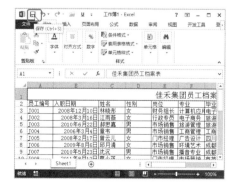

Step 09 选择位置并保存文档。打开"另存为"对话框，选择要存放文档的位置，输入文档名称，然后单击"保存"按钮，如左下图所示。

Step 10 调整表格列宽。选中多列，将鼠标移至列宽线上，双击，自动调整列宽，如右下图所示。

温馨小提示

为了能使其他人用低版本的 Excel 软件打开此文档，在保存时，在"保存类型"的下拉列表中选择"Excel 97-2003 工作簿（*.xls）"选项进行保存即可。

3．设置单元格样式

Excel 为用户提供了多种单元格样式，用户可以直接应用到选定的单元格中，这样既方便用户快捷地设置单元格的样式，又起到美化工作表的目的。

Step 01 执行"单元格样式"命令。选中标题行，单击"样式"功能组中的"单元格样式"按钮，如左下图所示。

Step 02 选择单元格样式。在弹出的下拉列表中选择单元格样式，如"标题 1"，如右下图所示。

 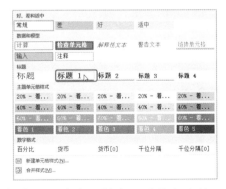

Step 03 选择名称行样式。选择表格中的名称行，单击"样式"功能组中的"单元格样式"下拉按钮，在弹出的下拉列表中选择单元格样式，如左下图所示。

Step 04 显示添加单元格样式的效果。经过以上操作，为单元格添加样式，效果
如右下图所示。

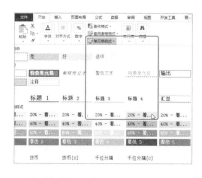

4．制作人员结构分析表

人员结构分析表旨在协助决策层了解公司人力资源的基本构成，并为制定中、长期人力资源规划提供参考依据。下面介绍制作人员结构分析表的操作。

Step 01 执行新建工作表的命令。在 Sheet1 工作表的右侧单击"新建工作表"按
钮⊕，如左下图所示。

Step 02 执行"重命名"命令。右击新工作表，在弹出的快捷菜单中选择"重命名"
命令，如右下图所示。

Step 03 输入工作表的名称。当工作表的名称处于编辑状态时，调整输入法，输
入新工作表的名称即可，如左下图所示。

Step 04 输入表格文本。对工作表进行重命名后，在表格中输入文本信息，如右下图所示。

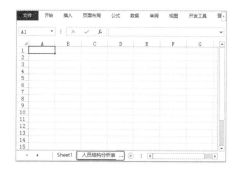

Step 05 执行合并后居中命令。将标题行和第二行的文本设置为合并状态，选中单元格区域，单击"对齐方式"功能组中的"合并后居中"按钮，如左下图所示。

Step 06 执行自动换行命令。选中 A2 单元格，单击"对齐方式"功能组中的"自动换行"按钮，如右下图所示。

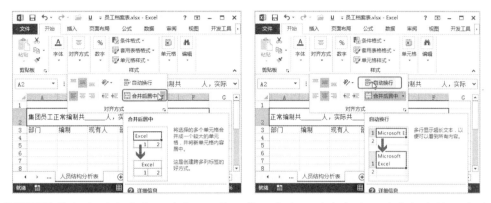

Step 07 执行左对齐命令。选中 A2 单元格，单击"对齐方式"功能组中的"左对齐"按钮，如左下图所示。

Step 08 设置边框线。选中需要添加边框线的单元格区域，单击"字体"功能组中"边框线"右侧的下拉按钮，在弹出的下拉列表中选择"所有框线"命令，如右下图所示。

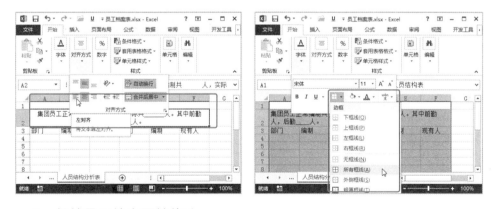

5．保护员工档案不被修改

如果要对工作簿中工作表的个数和位置以及窗口排列方式进行保护，则可以使用"保护工作表"命令，具体方法如下。

Step 01 执行保护工作表命令。单击"审阅"选项卡，单击"更改"功能组中的"保护工作表"按钮，如左下图所示。

Step 02 输入保护工作表的密码。打开"保护工作表"对话框，勾选"保护工作表及锁定的单元格内容"复选框，在"取消工作表保护时使用的密码"文本框中输入密码，如"321"，单击"确定"按钮，如右下图所示。

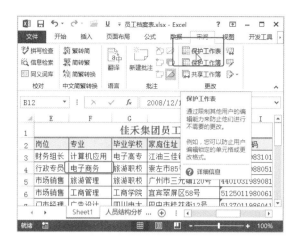

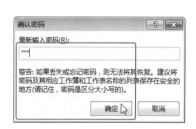

温馨小提示

在默认情况下，工作表中的所有单元格都是锁定状态。如果需要设置保护未锁定的单元格时，则需要先在工作表中设置不需要锁定的单元格。

Step 03 输入确认密码。打开"确认密码"对话框，在"重新输入密码"文本框中输入上一次的密码，单击"确定"按钮，如左下图所示。

Step 04 显示保护工作表的效果。对工作表进行保护后，效果如右下图所示，此表目前属于锁定状态，只能浏览，不能进行编辑。

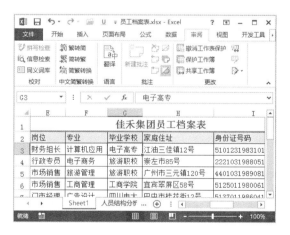

温馨小提示

对工作表进行保护后，功能组中的按钮或命令将变成灰色状态，不能执行对应的命令。因此，如果需要更改表格或重新编辑表格，都要先取消保护工作表，再进行操作。

案例 02 ┃ 制作招聘流程图

案例效果

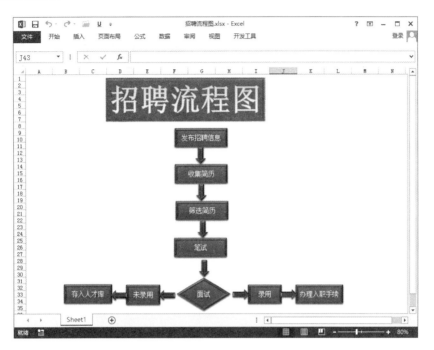

制作分析

本例难易度	制作关键	技能与知识要点
★★★☆☆	Excel 在工作中不仅可用于数据处理，还可以根据软件提供的形状制作出图示，如招聘流程图，当公司人力资源需要储备人才时，随时都会引进人才，因此可以利用 Excel 制作出简易的招聘流程。制作本案例首先使用艺术字制作出标题，再用形状绘制出基本框架，然后为形状添加文本并组合形状	◈ 插入艺术字 ◈ 绘制形状 ◈ 添加文本 ◈ 为形状更改样式 ◈ 组合形状

具体步骤

1．插入艺术字标题

在工作表中插入艺术字，使输入的文字效果看起来更美观，而且可以任意移动它的位置。插入艺术字的方法如下。

Step 01 启动程序并保存文档。启动 Excel 软件，命名为"招聘流程图"，保存至"案例 02"。

Step 02 插入艺术字。单击"插入"选项卡，单击"文本"功能组中的"艺术字"下拉按钮，在弹出的下拉列表中选择艺术字选项，如左下图所示。

Step 03 显示插入艺术字样式的效果。经过上步操作后，插入的艺术字样式将显示在表格中，效果如右下图所示。

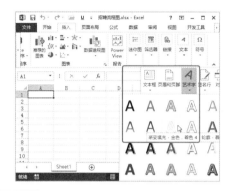 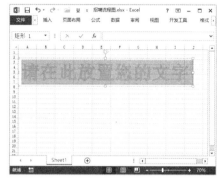

Step 04 输入艺术字。在艺术字文本框中输入标题文本，如左下图所示。

Step 05 设置并移动艺术字。选择艺术字文本，在"字体"组中设置文本大小；选择艺术字文本框，按住鼠标左键不放拖动移动位置，如右下图所示。

温馨小提示

　　在工作表中插入选中的艺术字样式后，如果输入内容后觉得效果不好，可以在"绘图工具 - 格式"选项卡的"艺术字样式"功能组中重新设置。

2. 设置标题样式

　　在艺术字文本框中输入艺术字后，可以对艺术字框进行设置，让艺术字更加醒目。下面介绍如何为艺术字框添加样式和设置阴影效果。

Step 01 执行添加样式的操作。选中艺术字框，单击"格式"选项卡，在"形状样式"功能组中应用需要的样式，如"浅色 1 轮廓，彩色填充 - 蓝色，强调颜色 5"，如左下图所示。

Step 02 执行添加阴影的操作。选中艺术字框，单击"形状样式"功能组中的"形状效果"下拉按钮，在弹出的下拉列表中选择"阴影"命令，在弹出下一级的列表中选择需要的阴影样式，如"内部，内部右上角"样式，如右下图所示。

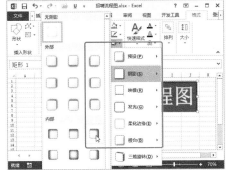

3．绘制图形

为了避免冗长的文字描述，可以使用图形的方法简化招聘流程说明。下面介绍绘制图形与对齐图形的方法。

Step 01 执行"锁定绘图模式"命令。单击"插入"选项卡，单击"插图"功能组中的"形状"下拉按钮，在弹出的下拉列表中右击需要绘制的形状，在弹出的快捷菜单中选择"锁定绘图模式"命令，如左下图所示。

Step 02 执行绘制形状的操作。选择形状后，在工作表区域中按住鼠标左键不放，拖动绘制出形状大小，如右下图所示。

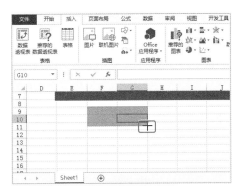

温馨小提示

在形状列表中直接单击选择形状，即可在 Excel 中绘制。如果右击形状，选择"锁定绘图模式"命令后，再绘制形状，则可以连续使用该形状。如果用户绘制完需要的形状后，可按【Esc】键结束绘图模式。

Step 03 取消绘图模式。选中锁定状态后，在工作表区域中绘制完形状，需要按【Esc】键退出绘图模式，如左下图所示。

Step 04 移动图形位置。选中需要移动的形状，按键盘上的上、下、左、右箭头移动形状的位置，如右下图所示。

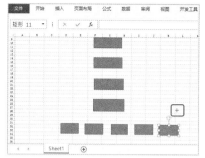 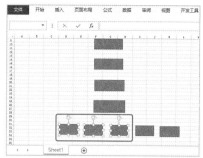

Step 05 执行箭头命令。单击"插入"选项卡,单击"插图"功能组中的"形状"下拉按钮,在弹出的下拉列表中单击需要绘制的箭头形状,如左下图所示。

Step 06 绘制箭头。按住鼠标左键不放在工作表区域中绘制出箭头形状,如右下图所示。

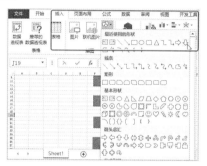 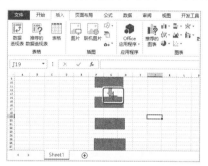

Step 07 执行"向右旋转 90°"命令。选中需要旋转的箭头,在"格式"选项卡中单击"排列"功能组中的"旋转"下拉按钮,在弹出的下拉列表中选择"向右旋转 90°"命令,如左下图所示。

Step 08 执行"向左旋转 90°"命令。选中需要旋转的箭头,在"格式"选项卡中单击"排列"功能组中的"旋转"下拉按钮,在弹出的下拉列表中选择"向左旋转 90°"命令,如右下图所示。

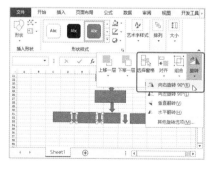 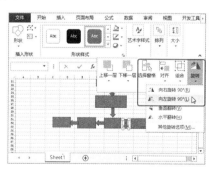

温馨小提示

　　如果需要将旋转的形状设为一定的弧度,也可以使用"旋转"下拉列表中的"其他旋转选项"命令,启动"设置形状格式"窗格,在"大小"组的"旋转"文本框中输入旋转值即可。

Step 09 执行"纵向分布"命令。选中需要调整的形状和箭头，在"格式"选项卡中单击"排列"功能组中的"对齐"下拉按钮，在弹出的下拉列表中选择"纵向分布"命令，如左下图所示。

Step 10 执行横向分布命令。选中需要调整的形状和箭头,在"格式"选项卡中单击"排列"功能组中的"对齐"下拉按钮，在弹出的下拉列表中的选择"横向分布"命令，如右下图所示。

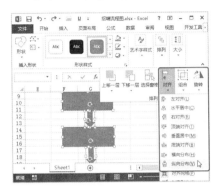
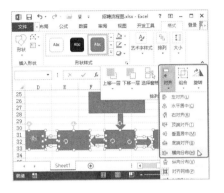

温馨小提示

　　设置形状对齐方式后，如果绘制形状的高低不同，可以选中形状，按【Ctrl】键不放，然后将键盘上的光标进行微调。

4．输入与编辑图形文本

　　制作完图示的形状后,需要为形状添加文本信息进行说明。在形状中输入文本,都是默认的字体和字号的大小。如果需要更改字体格式，可以将输入的文本选中，在"开始"选项卡的"字体"功能组中进行设置。

Step 01 执行"编辑文字"命令。在需要添加文本的形状上右击，在弹出的快捷菜单中选择"编辑文字"命令，如左下图所示。

Step 02 输入文字。在形状中输入文本信息，如右下图所示。

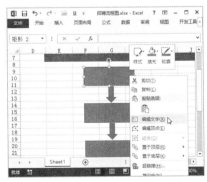
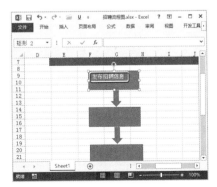

Step 03 显示输入文本信息。重复第 1 步和第 2 步，为其他形状添加文本信息，如左下图所示。

Step 04 设置字体格式。选中形状中的文本，在"开始"选项卡"字体"功能组的"字号"文本框中输入字号大小，单击"对齐方式"功能组中的"垂直居中"和"居中"按钮，如右下图所示。

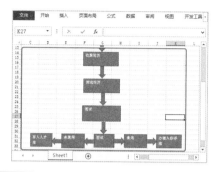

Step 05 执行格式刷命令。如果要将所有形状的文本设置为相同的字体格式，先选中设置好的文本，然后单击"剪贴板"功能组中的"格式刷"按钮，如左下图所示。

Step 06 执行复制格式操作。将鼠标定位至需要复制格式的文本上，单击一下格式刷，复制文本格式，如右下图所示。

温馨小提示

　　如果要使用格式刷刷取多个形状的文本格式，则需要选中设置好的文本，双击"剪切板"功能组中的"格式刷"按钮，然后单击需要刷取格式的形状。复制完格式后，按【Esc】键结束复制格式的操作。

5. 更改图形

　　在绘制的形状中，如遇到有决策性的文本时，需要将形状更改决策样式。在形状中输入文本信息后，可以利用"格式"选项卡在保留信息的情况下修改形状。

Step 01 执行更换形状的操作。选中"面试"形状，单击"格式"选项卡，单击"插入形状"功能组中的"编辑形状"下拉按钮，在弹出的下拉列表中选择"更改形状"选项，选择"流程图：决策"形状，如左下图所示。

Step 02 显示更改形状的效果。更改完形状后，修改形状大小，效果如右下图所示。

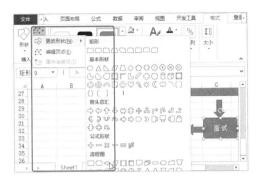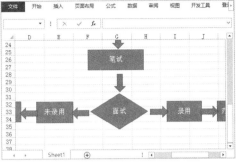

6．组合图形

为了方便对所有形状进行移动或调整操作，可以先将形状组合为一个整体。为了能快速选中要组合的形状，可以先执行选择对象命令，再将选中的形状进行组合。

Step 01 执行"选择对象"命令。单击"开始"选项卡，单击"编辑"功能组中的"查找和选择"下拉按钮，在弹出的下拉列表中选择"选择对象"命令，如左下图所示。

Step 02 拖动选择形状。执行命令后，将鼠标移到形状的空白处，按住鼠标左键不放拖动选择所有形状，如右下图所示。

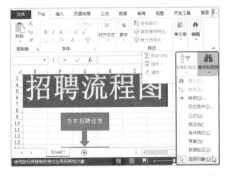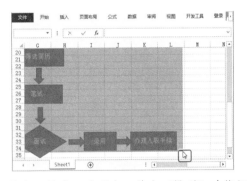

Step 03 执行"组合"命令。选中形状后，单击"格式"选项卡，单击"排列"功能组中的"组合"下拉按钮，在弹出的下拉列表中选择"组合"命令，如左下图所示。

Step 04 显示组合效果。将所有形状组合成为一个整体，效果如右下图所示。

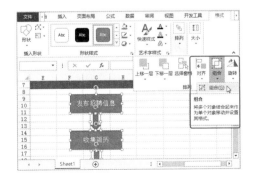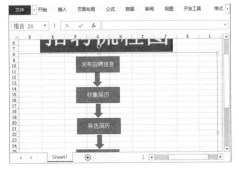

![温馨小提示]

　　形状组合后，方便快速移动所有形状，但不影响编辑单个形状。如果需要对单个形状进行编辑，单击两次形状，当形状处于编辑状态时即可对单个形状进行设置。

7. 设置形状样式

　　在表格中插入的形状都是默认的蓝色样式，为了突出示意图的内容，可以重新对形状格式进行设置。为了突出显示图示，可以将工作区域的网格线隐藏。

Step 01 执行应用形状样式命令。选中组合后的形状，单击"格式"选项卡，在"形状样式"功能组中应用内置的样式，如左下图所示。

Step 02 设置形状效果。选中组合后的形状，单击"格式"选项卡，在"形状样式"功能组中单击"形状效果"下拉按钮，在弹出的下拉列表中选择"棱台"命令，在弹出的下一级列表中选择需要应用的样式，如"松散嵌入"，如右下图所示。

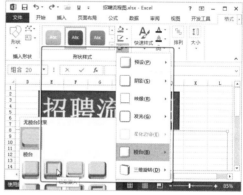

![温馨小提示]

　　插入形状都是默认的格式，如果用户对形状的颜色或轮廓不满意，可以选中形状，在"形状样式"功能组中单击"形状填充"和"形状轮廓"按钮进行设置。

Step 03 添加形状棱台样式。选中标题形状，单击"格式"选项卡，在"形状样式"功能组中单击"形状效果"下拉按钮，在弹出的下拉列表中选择"棱台"命令，在弹出的下一级列表中选择需要应用的样式，如"十字形"，如左下图所示。

Step 04 选择"文件"选项卡。应用形状样式后，取消工作表中的网格线，单击"文件"选项卡，如右下图所示。

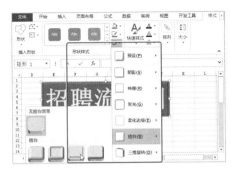

Step 05 选择"选项"命令。在文件列表中选择"选项"命令，如左下图所示。

Step 06 设置网格线。打开"Excel 选项"对话框，选择"高级"选项，在"此工作表的显示选项"选项组中取消勾选"显示网格线"复选框，单击"确定"按钮，如右下图所示。

案例 03　制作员工培训成绩表

案例效果

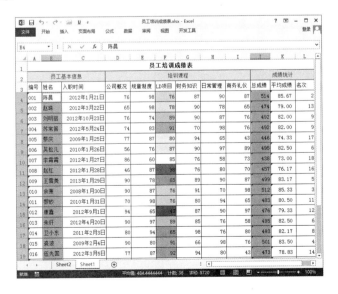

制作分析

本例难易度	制作关键	技能与知识要点
★★★★☆	通过培训成绩表对公司的员工有一个基本了解，看员工对公司的认知到底如何，根据成绩结果，可对员工岗位或薪资进行调整。制作本案例首先需要输入培训的成绩，然后根据表中的数据进行分析	◇ 输入基本信息 ◇ 设置表格格式 ◇ 计算与分析数据 ◇ 创建与编辑图表

具体步骤

1. 输入与编辑数据

员工培训成绩表需要实时对培训成绩作出分析，从而使公司领导对员工的努力程度有一定的了解。在制作员工培训成绩表时，首先需要输入文本和编辑文本格式，让表格更加完善。

Step 01 输入基本信息并启动对话框。在单元格中输入基本信息，选中第一列中的部分单元格区域，单击"数字"功能组中的"对话框启动器"按钮，如左下图所示。

Step 02 选择文本选项。打开"设置单元格格式"对话框，在"数字"选项卡的"分类"列表框中选择"文本"选项，单击"确定"按钮，如右下图所示。

Step 03 选择日期类型。选择需要设置时间的单元格区域，单击"数字"功能组中"常规"右侧的下拉按钮，在弹出的下拉列表中选择"长日期"命令，如左下图所示。

Step 04 执行数据验证命令。选择需要设置的数字区域，单击"数据"选项卡，单击"数据工具"功能组中的"数据验证"按钮，如右下图所示。

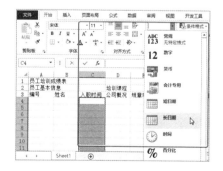 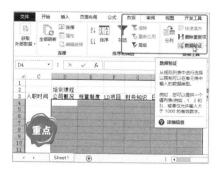

温馨小提示

　　如果要在单元格中输入时间，则按"时：分：秒"的格式输入即可，即时间中的分隔符使用冒号"："。若需要在日期中加入确切的时间，可以在日期后输入空格，在空格后再输入时间。

Step 05 设置验证条件。打开"数据验证"对话框，在"允许"下拉列表框中选择"整数"选项，在"数据"下拉列表框中选择"介于"选项，在"最小值"和"最大值"文本框中输入数据值，如左下图所示。

Step 06 输入出错警告提示。单击"出错警告"选项卡，在"错误信息"文本框中输入提示内容，单击"确定"按钮，如右下图所示。

Step 07 显示输入所有数据的效果。在设置完单元格的格式后，输入所有信息，效果如下图所示。

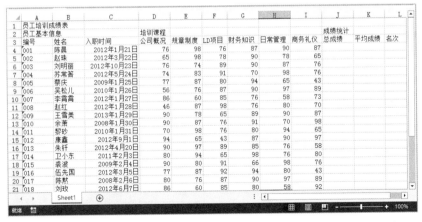

Step 08 执行合并单元格的操作。选择标题行要合并的单元格区域，单击"对齐方式"功能组中的"合并后居中"按钮，如左下图所示。

Step 09 执行"所有框线"命令。选中需要添加边框线的单元格区域，单击"字体"功能组中"边框线"右侧的下拉按钮，在弹出的下拉列表中选择"所有框线"命令，如右下图所示。

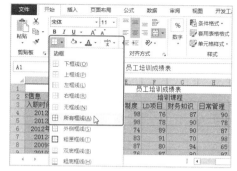

Step 10 执行"行高"命令。选择需要设置的行,右击,在弹出的快捷菜单中选择"行高"命令,如左下图所示。

Step 11 输入行高值。打开"行高"对话框,在"行高"文本框中输入数据值,单击"确定"按钮,如右下图所示。

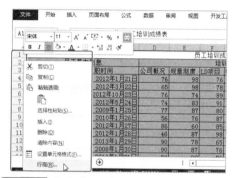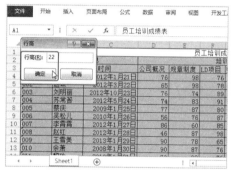

Step 12 设置标题行字体格式。选中标题行,在"字体"功能组的"字号"文本框中输入字号大小,单击"加粗"按钮 **B**,如左下图所示。

Step 13 调整列宽。选中所有需要自动调整的列,将鼠标移至列宽线上,双击快速调整列宽,如右下图所示。

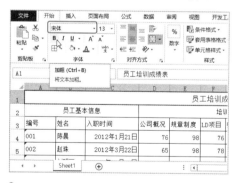

温馨小提示

　　如果只是调整单行或者单列的行高与列宽时,直接将鼠标移至行线或列线上,按住鼠标左键不放拖动,即可快速调整。

2．美化数据与单元格

在单元格中输入数据后，对表中不同数据进行分析可以使用色阶的方式。为了更好地分析数据，使用"条件格式"中的"色阶"，可以通过双色刻度和三色刻度来标识单元格的数据状态，用两种或者三种颜色的深浅来标识单元格，表现它们之间存在的差异，颜色的深浅表示数据表中值的高低或者高中低的等级关系。为了突出部分单元格，还可以应用单元格样式。

Step 01 选择色阶样式。选择需要应用色阶的单元格区域，单击"条件格式"下拉按钮，在弹出下拉列表中选择"色阶"命令，在弹出的下一级列表中选择"红 - 白 - 蓝色阶"命令，如左下图所示。

Step 02 显示应用色阶的效果。经过上步操作，为单元格区域应用色阶的效果如右下图所示。

Step 03 应用单元格样式。选择名称单元格，单击"样式"功能组中的"单元格样式"下拉按钮，在弹出的下一级列表中选择"好"选项，如左下图所示。

Step 04 显示应用单元格样式的效果。经过上步操作，为单元格应用样式后，效果如右下图所示。

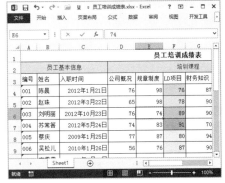

3．使用函数计算数据

在表格中输入数据后，为了整理出员工的总成绩、各员工的平均成绩以及排名顺序，下面介绍 SUM() 函数、AVERAGE() 函数以及 RANK() 函数的使用方法。

语法：SUM（Number1,Number2,...）

参数 Number1 为必需的，是需要相加的第一个数值参数；参数 Number2 为可选的，是需要相加的第 2 ～ 255 个数值参数。

语法：AVERAGE (Number1,Number2...)

参数 Number1,Number2... 表示要计算平均值的 1 ～ 255 个参数。

语法：RANK（number,ref,[order]）

参数 Number 为必需的，要找到其排位的数字；参数 Ref 为必需的，数字列表的数组，对数字列表的引用，Ref 中的非数字值会被忽略；参数 Order 为可选的，一个指定数字排位方式的数字。

Step 01 执行自动求和命令。选择 J4 单元格，单击"公式"选项卡，单击"函数库"功能组中的"自动求和"按钮，如左下图所示。

Step 02 单击输入按钮。执行命令后，会自动选中左侧需要计算的单元格区域，单击"编辑栏"中的"输入"按钮 ✓，如右下图所示。

Step 03 选择平均值命令。选中 K4 单元格，单击"函数库"功能组中"自动求和"右侧的下拉按钮，在弹出的下拉列表中选择"平均值"命令，如左下图所示。

Step 04 确认计算区域。执行命令后，会自动选中左侧需要计算的单元格区域，如果区域中不包含总成绩，则需要重新确认计算区域，然后单击"编辑栏"中的"输入"按钮 ✓，如右下图所示。

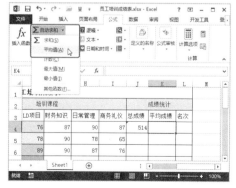 

Step 05 单击"对话框启动器"按钮。选择需要设置小数位数的单元格区域，单击"开始"
选项卡，单击"数字"功能组中的"对话框启动器"按钮，如左下图所示。

Step 06 设置小数位数。打开"设置单元格格式"对话框，选择"数值"选项，在"小
数位数"文本框中输入小数位置，单击"确定"按钮，如右下图所示。

Step 07 输入名称公式。在 L4 单元格中输入公式"=RANK(J4,$J$4:$J$21)"，单
击"编辑栏"中的"输入"按钮 ✔，如左下图所示。

Step 08 显示排名结果。经过以上操作，显示出排名结果，如右下图所示。

温馨小提示

在排名函数中，如果数字列表数组区域不使用"$"，向下拖动填充时，数组区域将会发生改变，因此，在结果值中会出现多个相同的排名。为了让结果值变成唯一，需要在数组区域中添加"$"符号。

Step 09 执行填充命令。选中 J4:L4 单元格区域，将鼠标移至右下角，等鼠标指针变成小"+"字时双击，即可自动向下填充公式，如左下图所示。

Step 10 显示填充效果。经过以上操作，在表格中自动填充公式的效果如右下图所示。

4．创建与编辑图表

使用函数对表格中的数据进行计算后，如果用户只想查看大概的总成绩，可以创建图表，以图表的高低方式表示员工的成绩。

Step 01 执行创建图表的操作。选中"姓名"和"总成绩"单元格区域，单击"插入"选项卡，单击"图表"功能组中的"柱形图"下拉按钮，在弹出的下拉列表中选择"三维簇状柱形图"选项，如左下图所示。

Step 02 显示创建图表效果。经过上步操作，将员工培训成绩表的总成绩创建为图表，选中图表标题框中的文本，如右下图所示。

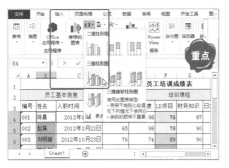 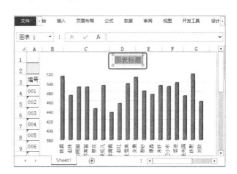

Step 03 输入图表标题。在"图表"标题框中输入图表名称，如左下图所示。

Step 04 输入更改图表宽度数值。创建图表后，当员工人数较多时，在水平轴上将不能以水平方式显示出姓名，在"格式"选项卡"大小"功能组的"列宽"文本框中输入数值进行设置，如右下图所示。

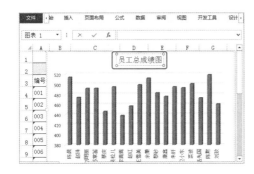 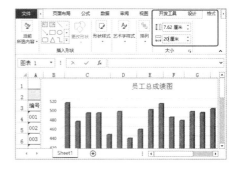

Step 05 执行移动图表命令。选中图表，单击"设计"选项卡，单击"位置"功
能组中的"移动图表"按钮，如左下图所示。

Step 06 选择图表存放位置。打开"移动图表"对话框，选中"新工作表"单选按钮，
在右侧的文本框中输入新工作表名称，如 Sheet2，单击"确定"按钮，
如右下图所示。

本章小结

　　本章主要介绍了 Excel 在人力资源领域中的应用，通过完整的案例介绍知识
点，让读者能快速学习和掌握 Excel 软件。在本章的案例中主要应用了输入与
编辑文本 / 数据、单元格操作、插入对象、函数以及创建与编辑图表等知识。

11

典型应用——Excel 在市场营销工作中的应用

本章导读

Excel 在市场营销领域发挥着举足轻重的作用，本章主要介绍市场营销的工作性质，然后按该领域的工作性质列举 Excel 在该领域的一些实际应用案例。

案例展示

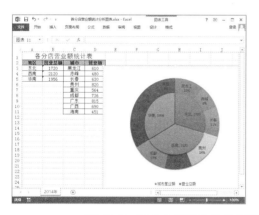

11.1 知识链接——市场营销知识

▶ 市场营销是指个人或集体通过交易其创造的产品或价值，以获得所需之物，实现双赢或多赢的过程。

主题 01 关乎企业存亡的市场营销

市场营销包含两种含义。一种是动词理解，是指企业以消费者需求为出发点，有计划地组织各项经营活动，为消费者提供满意的商品或服务而实现企业目标的过程，这时称之为市场营销或市场经营；另一种是名词理解，是指研究企业的市场营销活动或行为的学科，称之为市场营销学、营销学或市场学等。

市场营销是在创造、沟通、传播和交换产品中，为顾客、客户、合作伙伴以及整个社会带来价值的一系列活动、过程和体系。

中国台湾地区的江亘松在《你的营销行不行》中解释营销的变动性，将英文的 Marketing 作了下面的定义："什么是营销？"就字面上来说，"营销"的英文是 Marketing，若把 Marketing 这个英文拆成 Market（市场）与 ing（英文的现在进行时表示方法）这两个部分，那营销可以用"市场的现在进行时"来形容。

市场营销不仅包含研究流通环节的经营活动，还包括产品进入流通市场前的活动，比如进行市场调研、市场机会分析、市场细分、目标市场选择和产品定位等一系列活动，而且还包括产品退出流通市场后的许多营销活动，如产品使用状况追踪、售后服务和信息反馈等一系列活动。可见，市场营销活动涉及生产、分配、交换和消费全过程。

主题 02 Excel，用数据证明营销效益

利用 Excel 的强大功能可以很方便地对销售信息进行整理和分析。利用函数功能可以计算销售数据，掌握每一季度、每一年甚至每一阶段的产品销售情况；

使用数据筛选功能可以快捷地找到符合条件的数据，利于营销者掌握最核心的数据，制定下一步营销计划；使用分类汇总功能能够实现员工业绩评比及相关联数据的汇总，便于施行激励机制，随时调整营销策略；使用数据透视表功能实现分析和查询；而使用表单控件、文本框等功能则可以制作出美观实用的市场调查问卷，使企业能够更好地了解市场行情和消费者的消费意向，从而执行强有力的营销计划。

同步训练——实战应用成高手

▶ Excel 在市场营销领域的使用是非常广泛的，下面，给读者讲解一些常用的销售案例，希望读者能跟着我们的讲解，一步一步地做出与书同步的效果。

学习资料

为了方便学习，本节相关实例的素材文件、结果文件，以及同步教学文件可以在配套的光盘中查找，具体内容路径如下。

原始素材文件：光盘\素材文件\第 11 章\同步训练\
最终结果文件：光盘\结果文件\第 11 章\同步训练\
同步教学文件：光盘\多媒体教学文件\第 11 章\同步训练\

案例 01　制作各分店营业额统计分析图表

☕ 案例效果

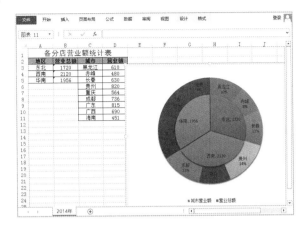

✍ 制作分析

本例难易度	制作关键	技能与知识要点
★ ☆ ☆ ☆ ☆	传递到公司的销售数据通常是杂乱无章的，必须对其进行整理，同时从这些数据中得到销售额等有用信息。 　　本例制作各分店营业额分析统计图表，先输入与计算饼图数据，然后选择总额数据创建饼图，接着创建双层饼图，最后编辑饼图图表	◇ 使用 SUM() 函数计算总额 ◇ 创建饼图 ◇ 设置数据系列格式 ◇ 添加数据标签 ◇ 创建双层饼图 ◇ 分离饼图 ◇ 设置图表样式

🖱 具体步骤

Step 01 输入营业额统计表数据。在 A1:D10 单元格区域输入"各分店营业额统计表"相关文本与数据，如左下图所示。

Step 02 插入行。单击行端选中第 2 行，右击，在弹出的快捷菜单中选择"插入"命令，如右下图所示。

温馨小提示

当选定区域后，直接在选定区域范围内右击，在弹出的快捷菜单中选择所需工具按钮或命令，这样可以提高效率。

Step 03 继续输入统计表项目文本。此时，即可在原本选择的行上方补充插入一行，输入统计表的各项目文本"地区、营业总额、城市、营业额"，如左下图所示。

Step 04 设置表格标题样式。选中 A1:D1 单元格区域，在"对齐方式"功能组中单击"合并后居中"按钮，将该区域合并，在"字体"功能组中设置字体、字号、字体颜色，如右下图所示。

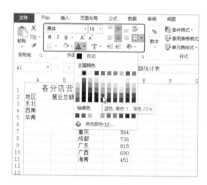

温馨小提示

选中行后，在"开始"选项卡的"单元格"功能组中单击"插入"下拉按钮，在打开的下拉列表中同样可以选择插入单元格、插入工作表行、插入工作表命令。

选中列后，即可在"插入"下拉列表中选择插入单元格、插入工作表列、插入工作表命令。

Step 05 设置文本与数据对齐方式。选中 A2:D11 单元格区域；在"字体"功能组中设置字号为 11，在"对齐方式"功能组中设置对齐方式为"居中"，如左下图所示。

Step 06 设置文本字体与颜色。选中 A2:D2 单元格区域，在"字体"功能组中设置表格项目文本为"加粗"，底纹填充颜色为"蓝色"，如右下图所示。

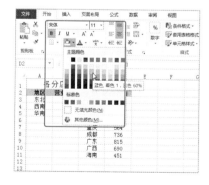

Step 07 添加表格框线。同时选中 A2:B5、C2:D11 单元格区域；在 "字体" 功能组中单击 "下框线" 下拉按钮,在弹出的下拉列表中选择 "所有框线" 命令,如左下图所示。

Step 08 对东北地区的营业额进行求和计算。选中 B3 单元格,单击 "公式" 选项卡,在 "函数库" 功能组中单击 "自动求和" 下拉按钮 Σ 自动求和 ▼,在弹出的下拉列表中选择 "求和" 命令,如右下图所示。

 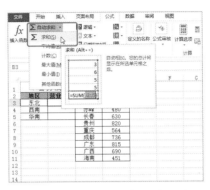

Step 09 选择求和区域。拖动选择 D3:D5 单元格区域为东北营业总额求和区域;单击 "编辑栏" 中的 "输入" 按钮 ✔,如左下图所示。

Step 10 相继计算西南和华南地区营业总额。使用同样的方法在 B4 单元格中计算出西南地区的营业总额,在 B5 单元格中计算出华南地区的营业总额,如右下图所示。

 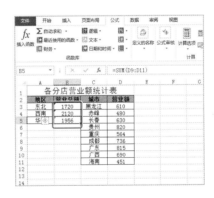

温馨小提示

　　在进行公式计算时,也可以直接在 B3 单元格中输入计算公式 "=SUM(D3:D5)",按【Enter】键即可得出营业总额。

Step 11 创建二维饼图。选择 A3:B5 单元格区域;单击 "插入" 选项卡,在 "图表" 功能组中单击 "饼图" 下拉按钮 ▼,在打开的下拉列表 "二维饼图" 选项下选择 "饼图" 选项,如左下图所示。

Step 12 选择图表数据源。此时，即可根据营业总额创建出饼图。选中图表，单击"设计"选项卡，在"数据"功能组中单击"选择数据"按钮，如右下图所示。

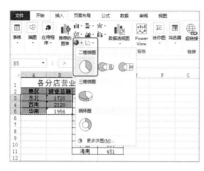 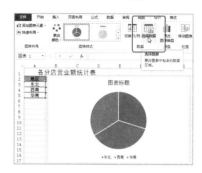

Step 13 单击"添加"按钮。打开"选择数据源"对话框，在"图例项（系列）"下方单击"添加"按钮，如左下图所示。

Step 14 编辑数据系列。打开"编辑数据系列"对话框，在"系列名称"文本框中输入名称"城市营业额"，在"系列值"选择框中选择营业额数据区域 D3:D11，单击"确定"按钮，如右下图所示。

Step 15 确定系列数据源的添加。返回"选择数据源"对话框，即可查看到已添加的系列，单击"确定"按钮，如左下图所示。

Step 16 设置数据系列绘制次坐标轴。选中图表后右击，在弹出的快捷菜单中选择"设置数据系列格式"命令，打开"设置数据系列格式"窗格，在"系列绘制在"选项下选中"次坐标轴"单选按钮，关闭"设置数据系列格式"窗格，如右下图所示。

 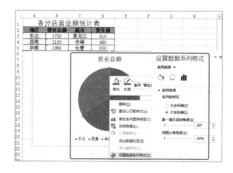

Step 17 执行"选择数据"命令。选中图表，在图表上右击，在弹出的快捷菜单中选择"选择数据"命令，如左下图所示。

Step 18 编辑"城市营业额"系列。打开"选择数据源"对话框，勾选"城市营业额"复选框，单击"编辑"按钮，如右下图所示。

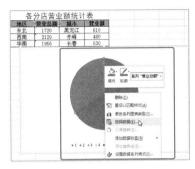
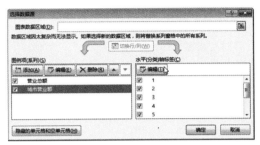

Step 19 选择轴标签区域。打开"轴标签"对话框，在数据表中选中城市区域 C3:C11，单击"确定"按钮，如左下图所示。

Step 20 确定数据源。返回"选择数据源"对话框，单击"确定"按钮，如右下图所示。

Step 21 选择城市营业额系列。选中图表，单击"格式"选项卡，在"当前所选内容"功能组中单击"系列'营业总额'"下拉按钮，在弹出的下拉列表中选择"系列'城市营业额'"命令，如左下图所示。

Step 22 拖动调整图表大小。在选择的图表处按住鼠标左键不放拖动调整图表大小，如右下图所示。

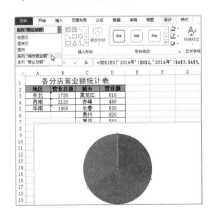
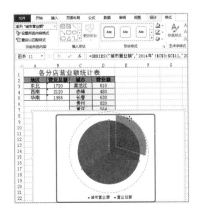

Step 23 调整扇区位置。选择扇区,按住鼠标左键不放拖动调整位置,如左下图所示。

Step 24 添加数据标签。右击饼图内部图层区域,在弹出的快捷菜单中选择"添加数据标签"命令,在弹出的下一级列表中选择"添加数据标签"命令,如右下图所示。

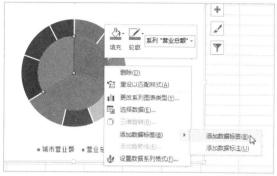

温馨小提示

　　在调整饼图的图层大小时,选中图表即可对图表的大小进行调整。如果单击两次图表扇区,则会只选中某一扇区,拖动则分离该扇区。

Step 25 设置数据标签格式。此时,即可为内层图表添加数据标签。右击该数据标签,在弹出的快捷菜单中选择"设置数据标签格式"命令,打开"设置数据标签格式"窗格,勾选"类别名称"复选框;单击"关闭"按钮,如左下图所示。

Step 26 添加数据标签。右击外部图表区域,在弹出的快捷菜单中选择"添加数据标签"命令,在弹出的下一级列表中选择"添加数据标签"命令,如右下图所示。

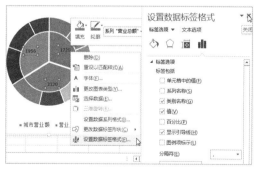
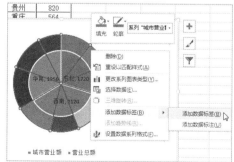

Step 27 设置数据标签格式。选中外部图表的数据标签后,右击,在弹出的快捷菜单中选择"设置数据标签格式"命令,打开"设置数据标签格式"窗格,勾选"类别名称"和"百分比"复选框,并取消勾选"值"复选框,单击"关闭"按钮,如右下图所示。

Step 28 应用图表样式。选择整张图表,单击"图表工具-设计"选项卡,在"图表样式"功能组中单击"其他"按钮▼，在打开的样式列表中选择一种图表样式，如右下图所示。

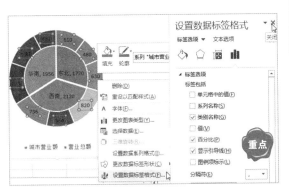

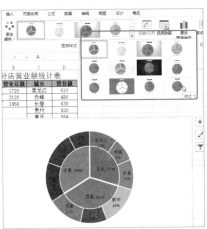

Step 29 显示图表样式效果。此时，即可查看到设置样式后的图表，效果如下图所示。

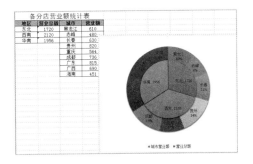

案例 02　制作产品市场问卷调查表

☕ 案例效果

 **制作分析**

本例难易度	制作关键	技能与知识要点
★★★☆☆	问卷调查是社会调查的一种数据收集手段。当一名研究者想通过社会调查来研究一个现象时（比如什么因素影响顾客满意度），可以用问卷调查收集数据，将已经确定所要问的问题打印在问卷上，编制成表格，交由调查对象填写，然后收回整理分析，从而得出结论。 本例制作产品市场问卷调查表，首先录入介绍文本，并设置文本格式，然后插入分组框，并删除分组框名称，接着绘制选项按钮，并输入名称，再依次绘制分组框及选项按钮，最后设置控件格式	◇ 插入分组框 ◇ 编辑分组框 ◇ 插入选项按钮 ◇ 编辑选项按钮 ◇ 对齐多个对象 ◇ 平均分布多个对象 ◇ 设置控件格式

具体步骤

Step 01 输入标题与介绍文本。将空白工作簿保存为"产品市场问卷调查表"，选择 A1:G1 单元格区域，设置为居中对齐样式，并在合并后的单元格中输入标题"空调市场问卷调查表"，在 A2 单元格中输入调查表的介绍文字，如左下图所示。

Step 02 打开"设置单元格格式"对话框。选择 A2:G2 单元格区域，在"对齐方式"功能组中单击"对话框启动器"按钮，如右下图所示。

Step 03 合并单元格区域并设置文本自动换行。打开"设置单元格格式"对话框，在"对齐"选项卡中勾选"自动换行"和"合并单元格"复选框，单击"确定"按钮，如左下图所示。

Step 04 设置标题与介绍文本字体格式。设置标题与介绍文本字体、字号、字体颜色。并拖动调整第 2 行介绍文本的行高，如右下图所示。

Step 05　输入问卷调查内容。分别在 A3、A5、A7、A9、A11、A13、A15 单元格中输入问题调查的题目，并适当调整第 3 ～ 16 行的行高，如左下图所示。

Step 06　执行插入"分组框"操作。单击"开发工具"选项卡，在"控件"功能组中单击"插入"下拉按钮，在弹出的下拉列表中单击"分组框"按钮，如右下图所示。

温馨小提示

　　在默认情况下，"开发工具"选项卡并未显示，如果有操作需要，自定义添加即可。打开"Excel 选项"对话框，单击左侧的"自定义功能区"选项卡，在其右侧的"主选项卡"列表框中勾选"开发工具"复选框即可。

Step 07　绘制分组框。此时，鼠标指针呈"+"形状，在第一个问题下方拖动鼠标绘制分组框，如左下图所示。

Step 08 完成分组框 1 的绘制。绘制至合适大小后，释放鼠标，即可得到分组框 1，如右下图所示。

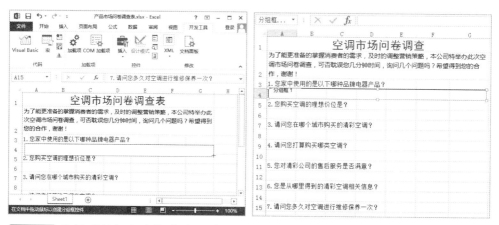

Step 09 执行"编辑文字"命令。单击选中分组框 1，右击，在弹出的快捷菜单中选择"编辑文字"命令，如左下图所示。

Step 10 删除默认分组框名称。选中默认的分组框名称文本，按【Delete】键将其删除，如右下图所示。

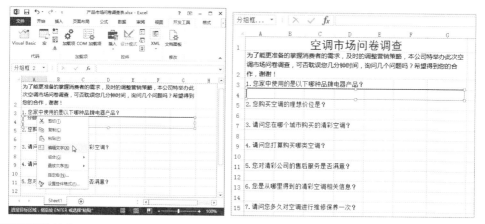

Step 11 执行插入"选项按钮"操作。单击"开发工具"选项卡，在"控件"功能组中单击"插入📦"下拉按钮，在打开的下拉列表中单击"选项按钮"按钮◉，如左下图所示。

Step 12 绘制选项按钮。此时，鼠标指针呈"➕"形状，在分组框中绘制选项按钮，如右下图所示。

Step 13 执行插入 "选项按钮" 操作。拖动至合适大小后，释放鼠标，即可得到一个选项按钮，如左下图所示。

Step 14 绘制选项按钮。右击该选项按钮，在弹出的快捷菜单中选择 "编辑文字" 命令，如右下图所示。

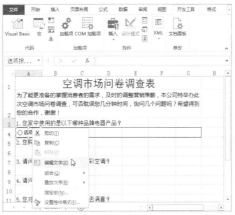

温馨小提示

在分组框控件中除了可以绘制选项按钮外，也可以根据需要绘制其他的窗体控件。

Step 15 输入选项按钮文字并继续绘制选项按钮。使用第 9 步和第 10 步同样的操作，继续绘制选项按钮，并编辑其文字内容，如左下图所示。

Step 16 设置多个选项按钮的对齐方式。按住【Ctrl】键，依次单击各选项按钮，将第一个问题下的按钮都选中，单击 "格式" 选项卡，在 "排列" 功能组中单击 "对齐对象" 下拉按钮 ，在弹出的下拉列表中选择 "横向分布" 命令，如右下图所示。再打开 "对齐对象" 下拉列表，选择 "底端对齐" 命令，排列好各选择按钮。

Step 17 继续绘制组合框与选项按钮。继续在"控件"功能组中单击"插入 🔡"下拉按钮，在打开的下拉列表中单击"分组框"按钮 ⬚，如左下图所示。

Step 18 完成调查表中组合框与选项按钮的绘制。使用同样的方法，依次为每个问题绘制组合框，并在里面绘制选项按钮，完成后效果如右下图所示。

Step 19 制作选项值预览表。合并 A18:H18 单元格区域，输入文本"选项值预览"并设置样式。为 A19:H20 单元格区域添加边框，并输入文本，如左下图所示。

Step 20 执行"设置控件格式"命令。在第一题中选中答案对应的单选按钮，右击，在弹出的快捷菜单中选择"设置控件格式"命令，如右下图所示。

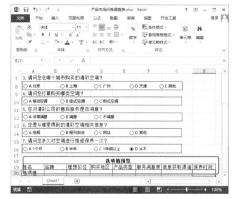
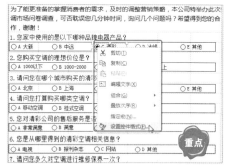

Step 21 单击引用按钮。打开"设置控件格式"对话框，在"单元格链接"右侧单击 🔳 按钮，如左下图所示。

Step 22 选择链接的单元格。在工作表中单击显示对应值的 B20 单元格，单击 按钮，如右下图所示。

Step 23 确定已选择的链接单元格。返回"设置对象格式"对话框，选中"已选择"单选按钮，单击"确定"按钮，如左下图所示。

Step 24 继续设置下一选项按钮的控件格式。此时，在 B20 单元格中显示了选中选项按钮对应的值，继续选中第二题的答案按钮，右击，在弹出的快捷菜单中选择"设置控件格式"命令，如右下图所示。

Step 25 依次设置各答案单选按钮的对应值。使用同样的方法，依次选中每道题的答案选项，并设置其链接的单元格，得出对应的值，如左下图所示。

Step 26 取消显示网格线。单击"视图"选项卡，在"显示"功能组中取消勾选"网格线"复选框，取消网格线的显示，如右下图所示。

案例 03 制作销售预测分析图表

案例效果

制作分析

本例难易度	制作关键	技能与知识要点
★★☆☆☆	销售数据预测分析，主要用于衡量和评估领导人所制定的计划销售目标与实际销售之间的关系。 　　本实例制作销售预测分析图表，首先录入预测表数据，并设置格式，然后添加斜线表头，接着利用公式返回季度名、销售额，最后创建图表，并绘制滚动条，设置图表样式等	◇ 添加斜线表头 ◇ 创建柱形图 ◇ 绘制滚动条 ◇ 设置图表形状样式 ◇ 更改图表类型

具体步骤

Step 01 录入预测表数据。新建空白工作簿，存储为"销售预测分析图表"，录入食品预测表的相关文本与数据，完成后如左下图所示。

Step 02 设置字符格式。设置预测表标题文本字体格式与对齐方式，并将表格项目文本加粗，为表格内容添加边框，完成后如右下图所示。

Step 03 执行"设置单元格格式"操作。选中 A2 单元格，右击，在弹出的快捷菜单中选择"设置单元格格式"命令，如左下图所示。

Step 04 添加斜线表头。打开"设置单元格格式"对话框，在"边框"选项卡中单击按钮，单击"确定"按钮，如右下图所示。

Step 05 设置字体颜色并添加表格底纹。设置表格字体颜色与底纹填充色，在 A8 单元格中输入"1"，如左下图所示。

Step 06 在 A10 单元格中输入引用单元格。在单元格 A10 中输入"=B2"，单击"编辑栏"中的 ✔ 按钮，如右下图所示。

 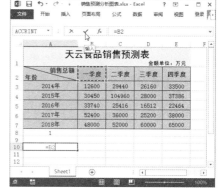

Step 07 返回季度时间。在 A11 单元格中输入" = C2",单击"编辑栏"中的 ✔ 按钮，如左下图所示。

Step 08 继续输入引用单元格并返回季度时间。使用同样的方法分别在单元格 A12、A13 中输入 "=D2"、"=E2"，按【Enter】键，返回季度时间，如右下图所示。

温馨小提示

ACCRINT 函数返回定期付息证券的应计利息。

语法：ACCRINT(issue, first_interest, settlement, rate, par, frequency, [basis], [calc_method])

Issue 为必需参数。证券的发行日。

First_interest 为必需参数。证券的首次计息日。

Settlement 为必需参数。证券的结算日。证券结算日是在发行日期之后，证券卖给购买者的日期。

Rate 为必需参数。证券的年息票利率。

Par 为必需参数。证券的票面值。如果省略此参数，则 ACCRINT 使用 ￥1,000。

Frequency 为必需参数。年付息次数。

Basis 为可选参数。要使用的日计数基准类型。

calc_method 为可选参数。一个逻辑值，指定当结算日期晚于首次计息日期时用于计算总应计利息的方法。

Step 09 在 B9 单元格中输入公式。在单元格 B9 中输入 "=OFFSET(A$2,$A$8,0)" 公式，单击 "编辑栏" 中的 ✔ 按钮，如左下图所示。

Step 10 返回时间值。此时，B9 单元格中返回 A3 单元格中的时间值 "2014 年"，如右下图所示。

Step 11 在 B10 单元格中输入公式。在单元格 B10 中输入 "=OFFSET(B$2,$A$8,0)" 公式，单击 "编辑栏" 中的 ✔ 按钮，如左下图所示。返回 B3 单元格中的内容。

Step 12 输入公式返回数据值。使用同样的方法分别在单元格中输入 "B11=OFFSET(C$2,$A$8,0)，"B12=OFFSET(D$2,$A$8,0)，B13=OFFSET(E$2,$A$8,0)"，返回 2014 年四季度的数据，如右下图所示。

Step 13 执行创建图表的操作。选择 A9:B13 单元格区域，单击 "插入" 选项卡，在 "图表" 功能组中单击 "柱形图" 下拉按钮 ▮▮▾，在弹出的下拉列表中选择 "三维簇状柱形图" 选项，如左下图所示。

Step 14 显示创建图表的效果。此时，即可得到创建的三维簇状柱形图，效果如右下图所示。

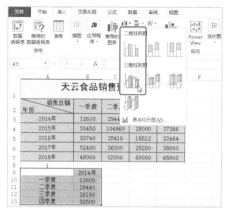
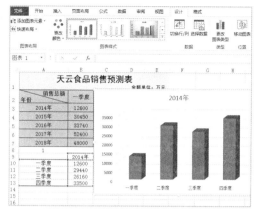

温馨小提示

要按照年份创建出动态的图表，需要使用控件进行操作。

Step 15 执行插入滚动条的操作。单击"开发工具"选项卡，在"控件"功能组中单击"插入"下拉按钮，在弹出的下拉列表中单击"滚动条"图标，如左下图所示。

Step 16 绘制滚动条。执行插入滚动条命令后，按住鼠标左键不放，拖动绘制滚动条，如右下图所示。

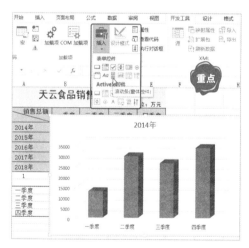
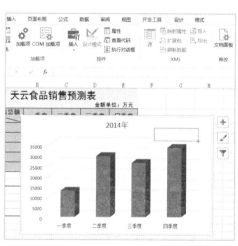

Step 17 单击"属性"按钮。选择绘制的控件，在"控件"功能组中单击"属性"按钮，如左下图所示。

Step 18 设置对象格式。打开"设置对象格式"对话框，在"当前值"、"最小值"、"最大值"、"步长"和"页步长"文本框中输入数据值，在"单元格链接"选择框中引用 A8 单元格，单击"确定"按钮，如右下图所示。

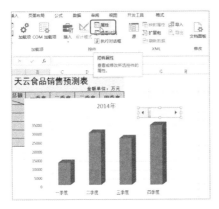

Step 19 拖动滚动条显示相关年份的数据。设置完控件格式后，在绘制的滚动条上拖动鼠标，如左下图所示。

Step 20 显示相关年份的数据。此时，即可显示相关年份的数据信息，如右下图所示。

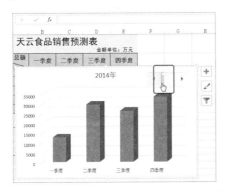

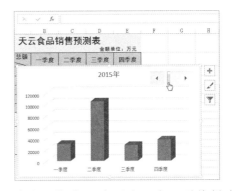

Step 21 选择图表形状样式。选中图表，单击"格式"选项卡，在"形状样式"功能组中单击"其他"按钮，在打开的样式列表中选择所需样式，如左下图所示。

Step 22 选择新的图表类型。选中图表，单击"设计"选项卡，在"类型"功能组中单击"更改图表类型"按钮，如右下图所示。

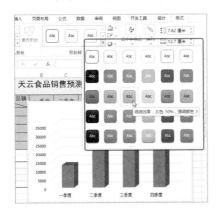

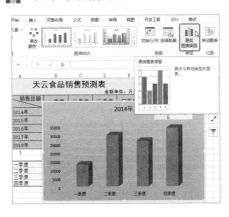

Step 23 选择新的图表类型。打开"更改图表类型"对话框，选择"柱形图"选项，在右侧的图表面板中选择需要的图表样式，单击"确定"按钮，如左下图所示。

Step 24 显示更改后的图表类型。此时，即可显示更改后的图表类型，如右下图所示。

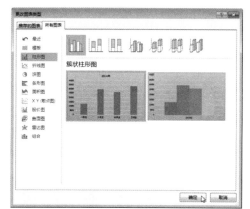
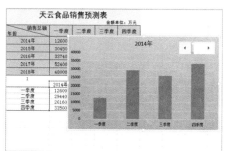

本章小结

　　本章介绍了 Excel 在市场营销中的典型应用实例。希望通过这些实例的演示，能够加深营销工作者对 Excel 不同知识点的深入理解，并能将这些知识点综合应用到实际工作中。

12 典型应用——Excel 在 财务管理工作中的应用

也许你已经在 Excel 中完成过上百张财务报表，也许你已利用 Excel 函数实现过上千次的复杂运算，也许你认为 Excel 也不过如此，甚至了无新意。但我们平日里无数次重复的得心应手的使用方法只不过是 Excel 数据计算统计的基础知识。本章从财务领域的专业角度出发，领略 Excel 在财务方面的真正本领。

■ 案例展示

12.1 知识链接——财务管理知识

▶ 财务的核心工作是运作企业的资金，处理企业各方面的经济关系。遵守相应的财务流程，使公司动作与个人工作更得心应手。

主题 01 财务管理的职责

在通常情况下，一个企业财务工作人员的主要工作职责体现在以下 4 个方面。

1. 筹资

财务首先是一种本金的投入活动，由于企业再生产过程是不断进行的，本金在再生产过程中不断投入与周转。企业本金投入的数额是由生产经营要素形成的规模与本金周转速度所决定的。这就要求财务不断筹集投入所需的本金，使财务具有筹资职能，包括筹资量的确定、筹资渠道的选择以及相联系的本金所有权结构的优化。

2. 调节

财务是一种经济机制，对再生产过程具有调控功能。一方面受制于生产经营要素形成的规模与结构；另一方面当本金筹集量（可供量）一定时，为执行资产所有者调整结构的决策或贯彻国家有关宏观调控的政策措施，通过本金投向与投量的调整，使企业原有的生产规模与经济结构（技术结构、产品结构等）发生调整，这是财务工作者的主要内容。

3. 分配

财务作为企业本金的收益活动，当取得货币收入后，要按照上缴流转税、补偿所得税、缴纳成本、提取公积金与公益金、向投资者分配利润等顺序进行收入分配，这就是财务的分配职责。财务分配的对象是企业在一定时期内实现的全部商品价值的货币表现额。

4. 监督

财务监督对企业生产经营与对外投资活动具有综合反映性。一方面，财务活动反映生产经营要素的形成、资源的利用与生产经营及对外投资的成果，能揭示企业各项管理工作的问题；另一方面，财务关系集中反映国家行政管理者、所有者、经营者和劳动者等之间的物质利益关系，能揭示在这些关系处理中存在的问题。

正确认识财务职责，充分发挥财务的作用，促使企业经济活动的良性循环，实现企业经济发展速度与效益相结合，是企业财务管理的基本任务。明确了企业财务的职责职能，才能明确从什么方向去发挥财务的作用，促进企业的发展。

主题 02　用 Excel 工作，财务管理不在话下

在使用 Excel 进行财务工作处理时，数据计算是必不可少的操作。由以前的算盘、计算器，到现在的计算机，并在计算机中使用提供了丰富的函数计算与公式计算的 Excel 软件。

Excel，它能根据数据反映企业某一特定日期的财务状况和某一会计期间的经营成果，并且 Excel 可以实现一次编制、多次使用，从而大大提高工作效率。

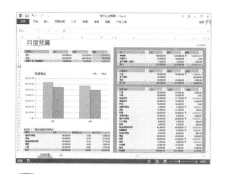
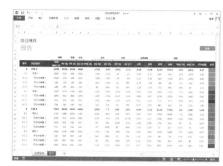

同步训练——实战应用成高手

▶ Excel 对于财务工作者来说，实用性非常强。下面，给财务领域的新人讲解制作一些工作常用的实例，希望读者能跟着我们的讲解，一步一步地做出与书同步的效果与结果值。

学习资料

为了方便学习，本节相关实例的素材文件、结果文件，以及同步教学文件可以在配套的光盘中查找，具体内容路径如下。

原始素材文件：光盘＼素材文件＼第 12 章＼同步训练＼
最终结果文件：光盘＼结果文件＼第 12 章＼同步训练＼
同步教学文件：光盘＼多媒体教学文件＼第 12 章＼同步训练＼

案例 01　制作工资表

 案例效果

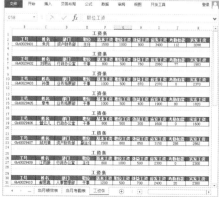

 **制作分析**

本例难易度	制作关键	技能与知识要点
★★★☆☆	工资管理是企业账目管理中一个重要的组成部分，也是每家企业每个月都要核算的一项工作，数据量非常大，而且绝不允许出错。 　　在本实例中，工资的构成除了相对固定的基本工资、职位工资等，还有每个月都变动的效益工资、考勤扣款等，因此需要先建立多张数据表，然后核算实发工资，最后使用函数快速制作工资条，并设置页面将其打印	◇ 使用公式合并字符 ◇ 使用公式计算工资 ◇ 使用 OFFSET() 函数制作工资条 ◇ 设置页面缩放比例 ◇ 设置页边距 ◇ 打印当前工作表

具体步骤

1．建立工资汇总表、效益表、考勤表

制作工资表，首先需要根据企业工资的实际构成情况输入工资项目，然后录入绩效表、考勤表的相关数据信息。

Step 01 输入工资项目。新建工作簿，保存为"工资结算"，并将 Sheet1 工作表改名为"工资汇总表"，在工资汇总表里输入标题与工资的各项数据，并设置字符样式，适当调整各列宽度，如左下图所示。

Step 02 输入并填充序号。工号的形式为"企业代码＋部门代码＋序号"。新建工作表，将工号中固定不变的"Gh40029"部分输入 A1 单元格，在 B1、B2 单元格分别输入序号"401"、"402"，选中 B1:B2 单元格区域，并向下复制至所需编号，如右下图所示。

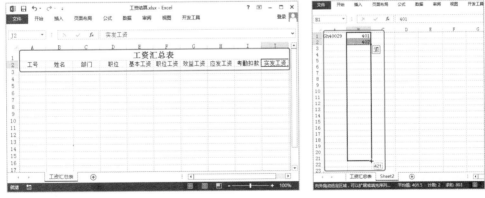

Step 03 输入工号合并公式。在 C1 单元格中输入公式"=$A$1&B1"，如左下图所示。

Step 04 复制得出的工号。按【Enter】键得到工号；单击 C1 单元格并向下复制，即可快速得到长字符串形式的工号。选择自动填充好的工号，右击，在弹出的快捷菜单中选择"复制"命令，如右下图所示。

Step 05 将工号粘贴为值。切换至工资汇总表，将鼠标定位于 A3 单元格，在"剪贴板"功能组中单击"粘贴"下拉按钮，在弹出的下拉列表中单击"值"按钮 🗋，即可得到复制的工号，如左下图所示。

Step 06 输入姓名、部门及职位。在 B 列输入各工号对应的员工姓名、部门以及职位，如右下图所示。

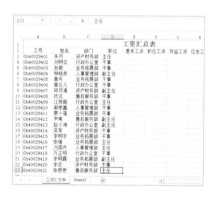

Step 07 删除 Sheet2 工作表中的数据。切换至 Sheet2 工作表，选中之前制作工号的所有数据，如左下图所示。

Step 08 录入当月绩效相关数据信息。按【Delete】键删除不再需要的这些数据，并更名为"当月绩效表"。在 A1:C1 单元格区域依次输入"姓名"、"基础效益工资"、"当月效益"三个项目。将"工资汇总表"中的姓名复制到"当月绩效表"的相应位置，"基本效益工资"输入"1000"，"当月效益"根据实际情况输入，如右下图所示。

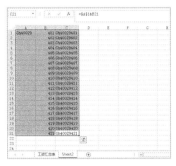 

Step 09 添加"当月考勤表"工作表。工资表中的"其他扣款"是根据员工的出勤情况来核算的，因此需要建立一张单独的工作表，用于存放员工每月的考勤情况。新加一张工作表，并更名为"当月考勤表"，如左下图所示。

Step 10 录入当月考勤相关数据信息。在 A1:C1 单元格区域依次输入"姓名"、"请假天数"、"迟到 / 早退次数"三个项目。将"工资汇总表"中的姓名复制到"当月考勤表"的相应位置，"请假天数"及"迟到 / 早退次数"根据每月实际情况输入，如右下图所示。

 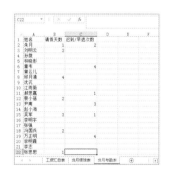

2．核算实发工资

工资所需要的各种原始数据都准备完成后，即可开始核算工资。假设企业的基本工资是根据部门的不同来决定的，即：

部门：资产财务部，基本工资：1 500

部门：行政办公室，基本工资：800

部门：人事管理部，基本工资：1 200

部门：业务拓展部，基本工资：1 000

部门：售后服务部，基本工资：700

Step 01 输入基本工资计算公式。利用 IF() 函数来自动填充。选中 E3 单元格，在编辑栏输入公式"=IF(C3=" 资产财务部 ",1500,IF(C3=" 行政办公室 ",800,IF(C3=" 人事管理部 ",1200,IF(C3=" 业务拓展部 ",1000,700))))"，如左下图所示。

Step 02 复制基本工资公式。按【Enter】键即可按照所属部门得出基本工资。选中 E3
单元格,向下拖动复制公式即可快速计算出所有员工的基本工资,如右下图所示。

温馨小提示

函数名: IF
语法: IF(logical_test,value_if_true, value_if_false)
功能: 根据对指定的条件计算结果为 TRUE 或 FALSE,返回不同的结果。

假设企业的职位工资是根据职位的不同来决定的。即:
职位:主任,职位工资:1 000
职位:副主任,职位工资:800
职位:干事,职位工资:500

Step 03 输入职位工资计算公式。利用 IF 函数来自动填充。选中 F3 单元格,在编辑
栏输入公式"=IF(D3=" 主任 ",1000,IF(D3=" 副主任 ",800,500))",如左下图所示。

Step 04 复制职位工资公式。按【Enter】键,即可按照职位级别得出职位工资。选中 F3
单元格,向下拖动复制公式即可快速计算出所有员工的职位工资,如右下图所示。

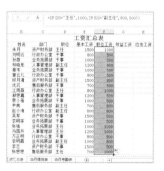

假设企业的效益工资是由基本效益工资和当月效益共同决定的,即:
效益工资 = 基本效益工资 × 当月效益

Step 05 输入效益工资计算公式。由于效益工资所需的原始数据不在当前工作表中,
因此须利用公式的三维引用来完成效益工资的核算。选中 G3 单元格,在
公式编辑栏输入公式"= 当月效益表 !B2* 当月效益表 !C2",如左下图所示。

Step 06 复制效益工资公式。按【Enter】键，即可根据员工的当月效益计算出效益工资。选中 G3 单元格，向下拖动复制公式即可快速计算出所有员工的效益工资，如右下图所示。

假设企业的应发工资是由基本工资、职位工资和效益工资共同决定的。即：

应发工资 = 基本工资 + 职位工资 + 效益工资

Step 07 输入计算应发工资公式。选中 H3 单元格，在编辑栏输入公式"=E3+F3+G3"，如左下图所示。

Step 08 复制计算应发工资公式。按 Enter 键，即可根据员工的实际情况核算出应发工资，选中 H3 单元格，向下拖动复制公式即可快速计算出所有员工的应发工资，如右下图所示。

 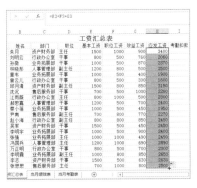

在本例中，其他扣款主要是指考勤扣款，假设企业的扣款比例如下，即：

请假一天，扣一天基本工资。

迟到/早退一次，扣 20 元。

Step 09 输入考勤扣款公式。选中 I3 单元格，在编辑栏输入公式 "=E3/20.83*当月考勤表!B2+20*当月考勤表!C2"，如左下图所示。

Step 10 复制考勤扣款公式。按【Enter】键，即可根据员工的考勤情况核算出应扣款项。选中 I3 单元格，向下拖动复制公式即可快速计算出所有员工的应扣款项，如右下图所示。

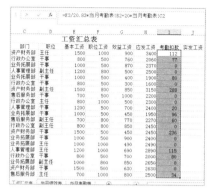

工资的所有项目都核算完成后，就可以计算员工实发工资，即：

实发工资 = 应发工资 - 考勤扣款

Step 11 计算实发工资。选中 J3 单元格，在编辑栏输入公式 "=H3-I3"，如左下图所示。

Step 12 复制实发工资公式。按【Enter】键，即可根据员工的实际情况核算出实发工资。选中 J3 单元格，向下拖动复制公式即可快速计算出所有员工的实发工资，如右下图所示。

 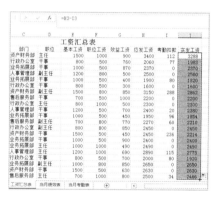

Step 13 设置表格字符格式与对齐方式。完成工资的计算后，对表格中的字符格式与对齐方式进行设置，效果如左下图所示。

Step 14 添加表格边框与底纹。设置表格边框与底纹效果，如右下图所示。

3．制作工资条

每月发放工资时，财务工作人员都要给员工提供工资条。在制作好工资明细表之后，很容易就可以生成工资条。

Step 01 添加"工资条"工作表。单击新建工作表图标，插入一张新工作表，将新工作表更名为"工资条"，并在 A1 单元格中录入"工资条"，在 A2 单元格中录入"月份"，如左下图所示。

Step 02 复制工资条项目。切换至"工资汇总表"，选中 A2:J2 单元格区域，右击，在弹出的快捷菜单中选择"复制"命令，如右下图所示。

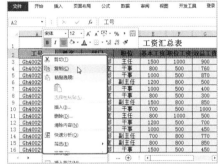

Step 03 粘贴工资条项目。返回"工资条"工作表，选中 B2 单元格，在"剪贴板"功能组中单击"粘贴"下拉按钮，在弹出的下拉列表中单击"粘贴"按钮，如左下图所示。

Step 04 设置工资条样式。选中 A1:K1 单元格区域，将其合并居中，并设置样式，选中 A2:K3 单元格区域，为该区域添加边框，并设置字体颜色和底纹颜色，如右下图所示。

Step 05 打开"设置单元格格式"对话框。选中 A3 单元格，在"数字"功能组中单击"对话框启动器"按钮，如左下图所示。

Step 06 设置日期类型。打开"设置单元格格式"对话框，选择"日期"选项，在右侧"类型"列表中选择"2012 年 3 月"样式，单击"确定"按钮，如右下图所示。

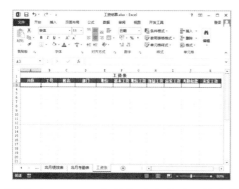

Step 07 输入年月。在月份对应的单元格中输入"2014 年 9 月",按【Enter】键,如左下图所示。

Step 08 输入工号计算公式。在 B3 单元格中输入"=OFFSET(工资汇总表 !$A$3, ROW()/3-1,COLUMN()-2)",如右下图所示。

Step 09 得出工号。按【Enter】键,即可得出工号,指向该单元格右下角,如左下图所示。

Step 10 拖动填充工资条其他项。将 B3 单元格向右拖动填充至 K3 单元格,即可得出工资条的其他项,如右下图所示。

Step 11 打开"设置单元格格式"对话框。选中 J3:K3 单元格区域,在"数字"功能组中单击"对话框启动器"按钮,如左下图所示。

Step 12 设置数字小数位数为 0。选中 J3:K3 单元格区域,打开"设置单元格格式"对话框，设置数值的小数位数为 0，单击"确定"按钮，如右下图所示。

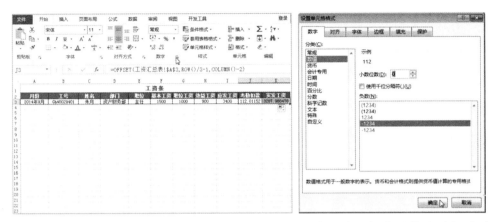

Step 13 选择复制填充区域。选择 A1:K4 单元格区域，将鼠标指针指向选择的单元格区域右下角，呈"**+**"形状，如左下图所示。

Step 14 填充工资条。向下拖动鼠标，自动填充工资条，如右下图所示。

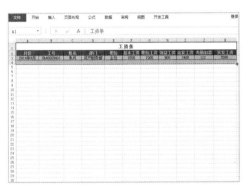
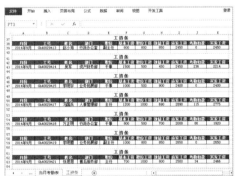

温馨小提示

　　在选择复制区域时，将第 4 行一并选中，是因为这样可以使每个子工资条之间有一个空行，便于后期的裁剪。

4．打印工资条

　　制作好工资条后，一定要设置好页面格式，然后打印出来。

Step 01 打开"页面设置"对话框。单击"页面布局"选项卡，在"页面设置"功能组中单击"对话框启动器"按钮，如左下图所示。

Step 02 设置页面打印缩放比例。打开"页面设置"对话框，在"页面"选项卡中设置缩放比例为 90%，如右下图所示。

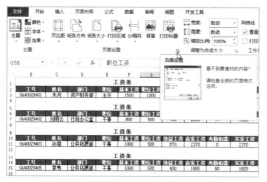

Step 03 设置页边距。单击"页边距"选项卡,根据实际需要分别设置"左"、"右"、"上"、"下"边距,单击"打印预览"按钮,如左下图所示。

Step 04 预览工资条。进入打印界面,预览工资条打印效果,若页面不合适可以再继续调整,如右下图所示。

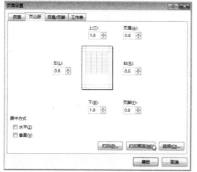

Step 05 打印工资条。页面设置完成后,设置打印范围以及打印份数,单击"打印"按钮,即可打印出工资条,如下图所示。

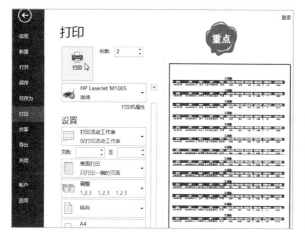

温馨小提示

如果当前计算机并没有连接打印机,那么就需要将文件保存关闭后,发送至连接打印机的计算机上进行打印。

案例 02 实现企业利润最大化

案例效果

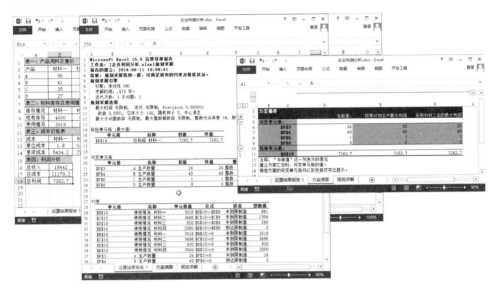

制作分析

本例难易度	制作关键	技能与知识要点
★★★★☆	对于任何一家企业来说，利润的获取是其经营的最终目的，只有最大限度地获取利润，企业才能生存与发展。在有限的生产资源限制下，如何安排生产，既使原材料达到最大利用，又能实现利润最大化，需要借助 Excel 的规划求解功能来做科学的规划。 　　本例先建立产品用料及售价表、材料库存及使用情况表、成本价格表、利润表，然后利用规划求解功能将利润最大化；接着修改规划求解数据，得出利润值；再修改约束条件，得出利润值；最后建立分析报告，并进行方案管理	◇ 使用规划求解 ◇ 修改规划求解数据 ◇ 修改约束条件 ◇ 建立分析报告 ◇ 方案管理

具体步骤

1．使用规划求解

要实现生产的科学规划，正确使用"规划求解"工具是关键。通过分析生产条件，对直接或间接与目标单元格中的公式相关的一组单元格进行处理，从而得到最大利润。

在进行实际生产前，企业需要制订生产计划。如企业目前的库存情况如下表所示。

产品	库存	单位成本
材料一	4 000	1.8
材料二	4 500	0.8
材料三	1 200	2.6
材料四	2 300	0.3

现在要安排 A、B、C、D 4 种产品的生产。不同产品需要的原材料不同，当然售价也不同，如下表所示。

产品	材料一	材料二	材料三	材料四	售价
A	54	64	18	36	328
B	40	48	14	28	248
C	32	40	8	16	168
D	18	24	4	8	98

那么企业利用现有的材料库存，应该生产 4 种产品各多少件，才能够达到利润的最大化呢？

Step 01 保存工作簿并重命名工作表。将空白工作簿保存为"企业利润分析"，将工作表重命名为"规划求解"，如左下图所示。

Step 02 建立产品用料及售价表。根据原提供的 4 种产品所需各原材料价以及产品售价内容，建立产品用料及售价表。产品的"生产数量"单元格留空不填，选中 H3 单元格，在编辑栏输入公式"=F3*G3"，并向下复制到 G6 单元格，如右下图所示。

Step 03 建立材料库存及使用情况表。根据企业材料当前的库存情况，建立材料库存及使用情况表。选中 B10 单元格，在编辑栏输入公式"=B3*$F$3+B4*$F$4+B5*$F$5+ B6*$F$6"，如左下图所示。

Step 04 复制材料一使用情况公式。在 B10 单元格右下角向右拖动鼠标，复制公式到 E10 单元格，如右下图所示。

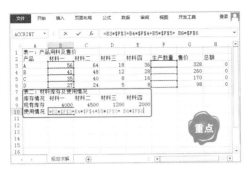 

温馨小提示

材料一使用情况 = 产品 A 所需材料一数量 × 产品 A 生产数量 + 产品 B 所需材料一数量 × 产品 B 生产数量 + 产品 C 所需材料一数量 × 产品 C 生产数量 + 产品 D 所需材料一数量 × 产品 D 生产数量

材料二、三、四的计算方法类似。

Step 05 建立成本价格表。根据原提供的 4 种产品所需各原材料价以及产品售价内容，建立成本价格表。选中 B14 单元格，在编辑栏输入公式"=B10*B13"，如左下图所示。

Step 06 复制材料一单项成本公式。在 B14 单元格右下角向右拖动鼠标，复制公式到 E14 单元格，如右下图所示。

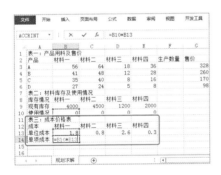 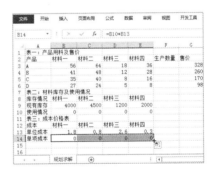

温馨小提示

材料一单项成本 = 材料一使用情况 × 材料一单位成本

材料二、三、四的计算方法类似。

Step 07 建立利润表。建立利润分析表。选中 B16 单元格，在编辑栏输入公式"=SUM(H3:H6)"；选中 B17 单元格，在编辑栏输入公式"=SUM(B14:E14)"；选中 B18 单元格，在编辑栏输入公式"=B16-B17"，如左下图所示。

Step 08 设置表格样式。在"规划求解"工作表中依次设置 4 个表中文本与数据的字符格式、对齐样式等，效果如右下图所示。

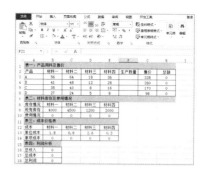

温馨小提示

总收入 = 产品 A 总额 + 产品 B 总额 + 产品 C 总额 + 产品 D 总额

总成本 = 材料一单项成本 + 材料二单项成本 + 材料三单项成本 + 材料四单项成本

总利润 = 总收入 − 总成本

Step 09 打开"加载宏"对话框。打开"Excel 选项"对话框,选择左侧"加载项"选项,在其右侧"管理"下拉列表中选择"Excel 加载项"选项,单击"转到"按钮,如左下图所示。

Step 10 加载规划求解加载项。弹出"加载宏"对话框,勾选"规划求解加载项"复选框,单击"确定"按钮,如右下图所示。

温馨小提示

加载项:为 Microsoft Office 提供自定义命令或自定义功能的补充程序。

Step 11 打开"规划求解参数"对话框。加载了规划求解后,就可以使用规划求解工具计算企业最大利润。单击"数据"选项卡,在"分析"功能组中单击"规划求解"按钮,如左下图所示。

Step 12 设置规划求解参数。打开"规划求解参数"对话框,单击"设置目标单元格"右侧的拾取器,选择总利润所在单元格 B18,选中"最大值"单选按钮,单击"可变单元格"右侧的拾取器,选择产品 A、B、C、D 生产数量所在单元格区域 F3:F6(如果单元格区域不相邻,用逗号分隔),单击"添加"按钮,如右下图所示。

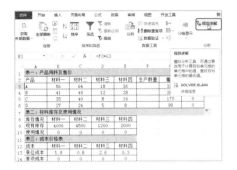

温馨小提示

进行规划求解的"目标单元格"必须包含公式。

进行规划求解的"可变单元格"必须直接或间接与"目标单元格"相关。

约束条件在进行规划求解时非常重要，只有设置合理的约束条件，规划求解才能找到满足要求的唯一解。通过分析本章示例，整理约束条件如下：

- 各种产品的生产数量不能小于 0。
- 各种产品的生产数量为整数。
- 各种原材料的使用量不能小于 0。
- 原材料的使用量不能超过它的库存。

Step 13 为引用单元格添加约束。设置产品的生产数量不能小于 0：单击"单元格引用位置"下方的拾取器，选择表一各产品生产数量所在单元格区域 F3:F6，选择比较条件">="，在"约束值"下方的文本框中输入约束值 0，单击"添加"按钮，如左下图所示。

Step 14 为引用单元格添加约束。设置产品的生产数量为整数：单击"单元格引用位置"下方的拾取器，选择表一各产品生产数量所在单元格区域 F3:F6，选择比较条件"int"，则"约束值"下方的文本框中会自动显示为"整数"，单击"添加"按钮，如右下图所示。

Step 15 为引用单元格添加约束。设置原材料的使用量不能小于 0：单击"单元格引用位置"下方的拾取器，选择表二原材料使用情况所在单元格区域 B10:E10，选择比较条件">="，在"约束值"下方的文本框中输入约束值 0，单击"添加"按钮，如左下图所示。

Step 16 为引用单元格添加约束。设置原材料的使用量不能超过它的库存：单击"单元格引用位置"下方的拾取器，选择表二原材料使用情况所在单元格区域 B10:E10，选择比较条件"<="，单击"约束值"下方的拾取器，选择

表二原材料现有库存所在单元格区域 B9:E9，如右下图所示。

温馨小提示

引用单元格和约束条件之间使用的关系如下：

<=：小于或等于。=：等于。>=：大于或等于。int：整数。bin：二进制。
整数约束单元格引用必须只包括可变单元格。

引用单元格与约束条件单元格均为区域时，请确保区域包含的单元格数目相同。

Step 17 执行"求解"操作。添加完约束条件后，单击"确定"按钮，返回"规划求解参数"对话框，在"遵守约束"列表框中可以看到添加的 4 个约束条件。单击"求解"按钮即可开始规划求解，如左下图所示。

Step 18 确定保留规划求值的解。在"规划求解结果"对话框中可以看到，规划求解找到一个解，可以满足所有的约束及最优状况，单击"确定"按钮，如右下图所示。

Step 19 实现利润最大化。如果按此方案进行生产，就可以实现利润的最大化，即 7 697 元，如下图所示。

	A	B	C	D	E	F	G	H
1	表一：产品用料及售价							
2	产品	材料一	材料二	材料三	材料四	生产数量	售价	总额
3	A	56	64	18	36		328	0
4	B	41	48	12	28	71	260	18460
5	C	35	40	8	16	0	170	0
6	D	27	24	5	8	1	98	98
7	表二：材料库存及使用情况							
8	库存情况	材料一	材料二	材料三	材料四			
9	现有库存	4000	4500	1200	2000			
10	使用情况	2938	3432	857	1996			
11	表三：成本价格表							
12	成本	材料一	材料二	材料三	材料四			
13	单位成本	1.8	0.8	2.6	0.3			
14	单项成本	5288.4	2745.6	2228.2	598.8			
15	表四：利润分析							
16	总收入	18558						
17	总成本	10861						
18	总利润	7697						

2．修改规划求解数据

在使用规划求解制订企业生产计划后，如果规划求解数据更改，可以随时重新调整生产计划。例如：

某厂有材料二 300 单位要处理，总价是 180，比企业之前的采购价格（0.8）要低。那么，是否应该购进这批材料，并把它加入本月的生产中呢？

决策的关键在于修改相应数据，并计算修改后的利润，从而作出判断。

Step 01 修改材料二库存数量与单位成本。根据变更条件，修改材料二库存数量 C9 单元格为 4 800 单位（＝材料二原始数据＋采购数据），修改材料二单位成本 C13 单元格为 0.7875（＝（材料二库存数量＊原单位成本＋本次采购价格）/材料二现有数量）；在"分析"功能组中，单击"规划求解"按钮，如左下图所示。

Step 02 执行求解操作。在"规划求解参数"对话框中，单击"求解"按钮，如右下图所示。

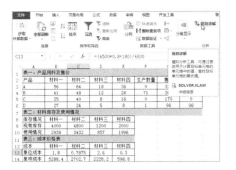

温馨小提示

因为只是修改规划数据原始数据，因此不需要更改规划求解参数。

Step 03 确定求解。在弹出的"规划求解结果"对话框中单击"确定"按钮，开始规划求解，如左下图所示。

Step 04 得出最大利润值。规划求解后的最大利润，采购原材料后的利润比采购前的利润要多，所以企业完全应该购进这批原材料，并将其安排到本月生产计划中，如右下图所示。

3．修改约束条件

除了更改规划求解的源数据，约束条件的改变也直接影响最大利润。例如：

在进行生产前，企业接到一份订单，某单位要订购该厂生产的 B 产品 40 单位，销售经理在查看生产计划后，发现本月 B 产品的生产数量仅为 7 单位，于是报请领导批准，决定增加 B 产品的生产，以获得这份订单。那么领导应该如何决策呢？

决策的关键在于通过修改规划求解的约束条件，求得改变约束条件后的最大利润，从而作出判断。

Step 01 执行"规划求解"操作。单击"数据"选项卡，在"分析"功能组中单击"规划求解"按钮，如左下图所示。

Step 02 添加约束条件。在"规划求解参数"对话框中，单击"添加"按钮，以增加约束条件。在"添加约束"对话框中，单击"单元格引用位置"下方的拾取器，选择产品 B 生产数量所在单元格 F4，选择比较条件"="，在"约束值"下方的文本框中输入约束值 40，单击"确定"按钮，如右下图所示。

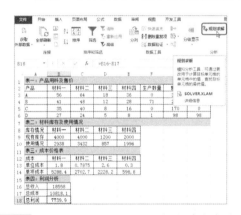

Step 03 执行规划求解操作。添加完约束条件后，返回"规划求解参数"对话框，在"遵守约束"列表框中可以看到新添加的约束条件，单击"求解"按钮，如左下图所示。

Step 04 确定保留规划求解的值。弹出"规划求解结果"对话框，选中"保留规划求解的解"单选按钮，单击"确定"按钮，如右下图所示。

Step 05 得出最大利润值。此时，得出规划求解结果，如下图所示。

4. 建立分析报告

使用规划求解计算后，除了可以显示出求解结果之外，还能产生分析报告以供参考。

Step 01 执行"运算结果报告"操作。在"规划求解结果"对话框中，选择"报告"文本框中的"运算结果报告"选项，如左下图所示。

Step 02 得出运算结果报告 1。Excel 会自动插入一张"运算结果报告 1"工作表，列出目标单元格和可变单元格及其初始值和最终结果、约束条件以及有关约束条件的信息，如右下图所示。

温馨小提示

　　并不是所有的规划求解都可以一次性地求解出最优值，当用户使用规划求解工具分析数据时，需要多次设置不同的参数，以求解出最优值。

5. 方案管理

方案是一组由 Excel 保存在工作表中并可进行自动替换的值。用户可以使用方案来预测工作表模型的输出结果。还可以在工作表中创建并保存不同的数值组，然后切换到任何新方案以查看不同的结果，以便给决策提供依据。

Step 01 打开"方案管理器"对话框。在"数据"选项卡的"数据工具"功能组中，单击"模拟分析"下拉按钮囲▼，在弹出的下拉列表中选择"方案管理器"命令，如左下图所示。

Step 02 执行添加方案操作。在"方案管理器"对话框中，单击"添加"按钮，如右下图所示。

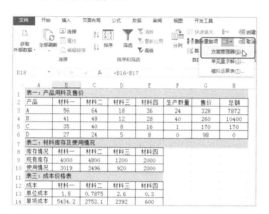 

Step 03 编辑方案。在"编辑方案"对话框中，在"方案名"文本框中输入方案名称；在"可变单元格"文本框中输入对需要更改的单元格的引用，在"保护"下选择需要的选项，最后单击"确定"按钮，如左下图所示。

Step 04 输入方案变量值。输入每个可变单元格的值，单击"确定"按钮即可建立方案，如右下图所示。

温馨小提示

使用规划求解可变单元格值并进行到"规划求解结果"对话框步骤时，可以直接单击"保存方案"按钮将当前值保存为方案。

Step 05 建立采购材料二后的最大利润方案。重复步骤 2 ~ 4，建立采购材料二后的最大利润方案，单击"摘要"按钮，如左下图所示。

Step 06 选择报表类型。在"方案摘要"对话框中，选中"方案摘要"单选按钮，单击"确定"按钮，如右下图所示。

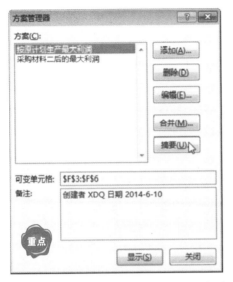

Step 07 建立方案摘要。此时，即建立出方案摘要，如下图所示。

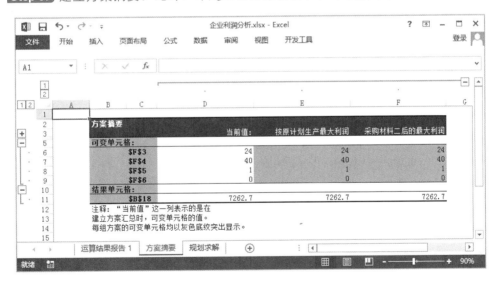

温馨小提示

　　在默认情况下，"可变单元格"和"结果单元格"显示单元格绝对引用地址。为了使报告更清晰，需要手动修改。

案例 03 编制资产负债表

案例效果

制作分析

本例难易度	制作关键	技能与知识要点
★ ★ ★ ☆ ☆	资产负债表，是指反映小企业在某一特定日期的财务状况的报表。它是根据"资产 = 负债 + 所有者权益"的会计恒等式，按照一定的分类标准和一定的顺序，对企业一定时期的资产、负债和所有者权益项目适当排列，并对日常工作中产生的大量数据按照一定的要求编制而成。 　　本例先让财务新人了解资产负债表项目，然后编制资产负债表	◇ 了解资产负债表 ◇ 编制资产负债表

具体步骤

1. 资产负债表项目简介

本表反映小企业某一特定日期全部资产、负债和所有者权益的情况。

本表"年初余额"栏内各项数字，应根据上年末资产负债表"期末余额"栏内所列数字填列。

本表"期末余额"各项目的内容和填列方法如下。

　　①"货币资金"项目,反映小企业库存现金、银行存款、其他货币资金的合计数。本项目应根据"库存现金"、"银行存款"和"其他货币资金"科目的期末余额合计填列。

　　②"短期投资"项目,反映小企业购入的能随时变现并且持有时间不准备超过1年的股票、债券和基金投资的余额。本项目应根据"短期投资"科目的期末余额填列。

　　③"应收票据"项目,反映小企业收到的未到期收款也未向银行贴现的应收票据(银行承兑汇票和商业承兑汇票)。本项目应根据"应收票据"科目的期末余额填列。

　　④"应收账款"项目,反映小企业因销售商品、提供劳务等日常生产经营活动应收取的款项。本项目应根据"应收账款"的期末余额分析填列;如"应收账款"科目期末为贷方余额,应当在"预收账款"项目列示。

　　⑤"预付账款"项目,反映小企业按照合同规定预付的款项,包括根据合同规定预付的购货款、租金、工程款等。本项目应根据"预付账款"科目的期末借方余额填列;如"预付账款"科目期末为贷方余额,应当在"应付账款"项目列示;属于超过1年期以上的预付账款的借方余额应当在"其他非流动资产"项目列示。

　　⑥"应收股利"项目,反映小企业应收取的现金股利或利润。本项目应根据"应收股利"科目的期末余额填列。

　　⑦"应收利息"项目,反映小企业债券投资应收取的利息。小企业购入一次还本付息债券应收的利息,不包括在本项目内。本项目应根据"应收利息"科目的期末余额填列。

　　⑧"其他应收款"项目,反映小企业除应收票据、应收账款、预付账款、应收股利、应收利息等以外的其他各种应收及暂付款项,包括各种应收的赔款、应向职工收取的各种垫付款项等。本项目应根据"其他应收款"科目的期末余额填列。

　　⑨"存货"项目,反映小企业期末在库、在途和在加工中的各项存货的成本,包括各种原材料、在产品、半成品、产成品、商品、周转材料(包装物、低值易耗品等)、消耗性生物资产等。本项目应根据"材料采购"、"在途物资"、"原材料"、"材料成本差异"、"生产成本"、"库存商品"、"商品进销差价"、"委托加工物资"、"周转材料"、"消耗性生物资产"等科目的期末余额分析填列。

　　⑩"其他流动资产"项目,反映小企业除以上流动资产项目外的其他流动资产(含1年内到期的非流动资产)。本项目应根据有关科目的期末余额分析填列。

　　⑪"长期债券投资"项目,反映小企业准备长期持有的债券投资的本息。本项目应根据"长期债券投资"科目的期末余额分析填列。

　　⑫"长期股权投资"项目,反映小企业准备长期持有的权益性投资的成本。本项目应根据"长期股权投资"科目的期末余额填列。

⑬"固定资产原价"和"累计折旧"项目，反映小企业固定资产的原价（成本）及累计折旧。这两个项目应根据"固定资产"科目和"累计折旧"科目的期末余额填列。

⑭"固定资产账面价值"项目，反映小企业固定资产原价扣除累计折旧后的余额。本项目应根据"固定资产"科目的期末余额减去"累计折旧"科目的期末余额后的金额填列。

⑮"在建工程"项目，反映小企业尚未完工或虽已完工，但尚未办理竣工决算的工程成本。本项目应根据"在建工程"科目的期末余额填列。

⑯"工程物资"项目，反映小企业为在建工程准备的各种物资的成本。本项目应根据"工程物资"科目的期末余额填列。

⑰"固定资产清理"项目，反映小企业因出售、报废、毁损、对外投资等原因处置固定资产所转出的固定资产账面价值以及在清理过程中发生的费用等。本项目应根据"固定资产清理"科目的期末借方余额填列；如"固定资产清理"科目期末为贷方余额，以"－"号填列。

⑱"生产性生物资产"项目，反映小企业生产性生物资产的账面价值。本项目应根据"生产性生物资产"科目的期末余额减去"生产性生物资产累计折旧"科目的期末余额后的金额填列。

⑲"无形资产"项目，反映小企业无形资产的账面价值。本项目应根据"无形资产"科目的期末余额减去"累计摊销"科目的期末余额后的金额填列。

⑳"开发支出"项目，反映小企业正在进行的无形资产研究开发项目满足资本化条件的支出。本项目应根据"研发支出"科目的期末余额填列。

㉑"长期待摊费用"项目，反映小企业尚未摊销完毕的已提足折旧的固定资产的改建支出、经营租入固定资产的改建支出、固定资产的大修理支出和其他长期待摊费用。本项目应根据"长期待摊费用"科目的期末余额分析填列。

㉒"其他非流动资产"项目，反映小企业除以上非流动资产以外的其他非流动资产。本项目应根据有关科目的期末余额分析填列。

㉓"短期借款"项目，反映小企业向银行或其他金融机构等借入的期限在 1 年内的、尚未偿还的各种借款本金。本项目应根据"短期借款"科目的期末余额填列。

㉔"应付票据"项目，反映小企业因购买材料、商品和接受劳务等日常生产经营活动开出、承兑的商业汇票（银行承兑汇票和商业承兑汇票）尚未到期的票面金额。本项目应根据"应付票据"科目的期末余额填列。

㉕"应付账款"项目，反映小企业因购买材料、商品和接受劳务等日常生产经营活动尚未支付的款项。本项目应根据"应付账款"科目的期末余额填列；如"应付账款"科目期末为借方余额，应当在"预付账款"项目列示。

㉖"预收账款"项目，反映小企业根据合同规定预收的款项,包括预收的购货款、工程款等。本项目应根据"预收账款"科目的期末贷方余额填列；如"预收账款"

科目期末为借方余额，应当在"应收账款"项目列示。属于超过 1 年期以上的预收账款的贷方余额应当在"其他非流动负债"项目列示。

㉗"应付职工薪酬"项目，反映小企业应付未付的职工薪酬。本项目应根据"应付职工薪酬"科目期末余额填列。

㉘"应交税费"项目，反映小企业期末未交、多交或尚未抵扣的各种税费。本项目应根据"应交税费"科目的期末贷方余额填列；如"应交税费"科目期末为借方余额，以"－"号填列。

㉙"应付利息"项目，反映小企业尚未支付的利息费用。本项目应根据"应付利息"科目的期末余额填列。

㉚"应付利润"项目，反映小企业尚未向投资者支付的利润。本项目应根据"应付利润"科目的期末余额填列。

㉛"其他应付款"项目，反映小企业除应付账款、预收账款、应付职工薪酬、应交税费、应付利息、应付利润等以外的其他各项应付、暂收的款项，包括应付租入固定资产和包装物的租金、存入保证金等。本项目应根据"其他应付款"科目的期末余额填列。

㉜"其他流动负债"项目，反映小企业除以上流动负债以外的其他流动负债（含 1 年内到期的非流动负债）。本项目应根据有关科目的期末余额填列。

㉝"长期借款"项目，反映小企业向银行或其他金融机构借入的期限在 1 年以上的、尚未偿还的各项借款本金。本项目应根据"长期借款"科目的期末余额分析填列。

㉞"长期应付款"项目，反映小企业除长期借款以外的其他各种应付未付的长期应付款项，包括应付融资租入固定资产的租赁费、以分期付款方式购入固定资产发生的应付款项等。本项目应根据"长期应付款"科目的期末余额分析填列。

㉟"递延收益"项目，反映小企业收到的、应在以后期间计入损益的政府补助。本项目应根据"递延收益"科目的期末余额分析填列。

㊱"其他非流动负债"项目，反映小企业除以上非流动负债项目以外的其他非流动负债。本项目应根据有关科目的期末余额分析填列。

㊲"实收资本（或股本）"项目，反映小企业收到投资者按照合同协议约定或相关规定投入的、构成小企业注册资本的部分。本项目应根据"实收资本（或股本）"科目的期末余额分析填列。

㊳"资本公积"项目，反映小企业收到投资者投入资本超出其在注册资本中所占份额的部分。本项目应根据"资本公积"科目的期末余额填列。

㊴"盈余公积"项目，反映小企业（公司制）的法定公积金和任意公积金，小企业（外商投资）的储备基金和企业发展基金。本项目应根据"盈余公积"科目的期末余额填列。

㊵"未分配利润"项目，反映小企业尚未分配的历年结存的利润。本项目应根据"利润分配"科目的期余额填列。未弥补的亏损，在本项目内以"－"号填列。

本表中各项目之间的钩稽关系为：

行 15＝行 1＋行 2＋行 3＋行 4＋行 5＋行 6＋行 7＋行 8＋行 9＋行 14；

行 9＝行 10＋行 11＋行 12＋行 13；

行 29＝行 16＋行 17＋行 20＋行 21＋行 22＋行 23＋行 24＋行 25＋行 26＋行 27＋行 28；

行 20＝行 18－行 19；

行 30＝行 15＋行 29；

行 41＝行 31＋行 32＋行 33＋行 34＋行 35＋行 36＋行 37＋行 38＋行 39＋行 40；

行 46＝行 42＋行 43＋行 44＋行 45；

行 47＝行 41＋行 46；

行 52＝行 48＋行 49＋行 50＋行 51；

行 53＝行 47＋行 52＝行 30。

2. 编制资产负债表

资产负债表需要填列的项目包括年初余额和期末余额。年初余额直接根据上年度的期末余额进行填列即可；期末余额可以根据总账科目余额直接填列。资产负债表大部分项目的填列都是根据有关总账账户的余额直接填列，如"应收票据"项目，根据"应收票据"总账科目的期末余额直接填列。

接下来在 Excel 中编制资产负债表，由于"总账"工作表中的资产抵减科目、负债和损益类科目都是用负数表示的，因此，在编制资产负债表的过程中，用到了绝对值函数——ABS 函数。ABS 函数的语法及参数介绍如下。

温馨小提示

ABS 函数：返回数字的绝对值。绝对值没有符号。

语法结构：ABS(number)

参数 number 为必需参数，表示需要计算其绝对值的实数。

根据上年度的期末余额直接录入本年度年初余额。

接下来根据"总账"工作表中的"月末余额"，依次填列资产负债表中的"期末余额"。

Step 01 录入年初余额。根据上年度的期末余额直接录入本年度年初余额，如左下图所示。

Step 02 查看总账科目余额。单击"总账"工作表，查看各科目的期末余额，如右下图所示。

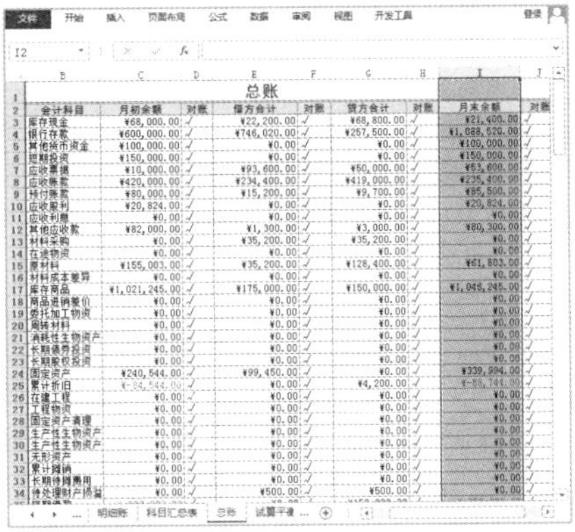

Step 03 填列货币资金。切换到工作表"资产负债表"中，在单元格 C8 中输入公式 "=SUM(总账 !I3: I5)"，按【Enter】键确认输入，如左下图所示。

Step 04 填列短期投资。在单元格 C9 中输入公式 "= 总账 !I6"，按【Enter】键确认输入，如右下图所示。

Step 05 填列资产项目。将单元格 C9 中的公式向下填充到单元格 C13，此时即可统计出"应收票据"、"应收账款"、"预付账款"，以及"应收股利"科目的年末余额，如左下图所示。

Step 06 填列其他应收款。在单元格 C15 中输入公式 "= 总账 !I12"，按【Enter】键确认输入，如右下图所示。

Step 07 填列存货。在单元格 C16 中输入公式 "=SUM(总账 !I13:I21)"，按【Enter】键确认输入，如左下图所示。

Step 08 填列流动资产合计。在单元格 C22 中输入公式 "=SUM (C8:C16)+C21"，按【Enter】键确认输入，如右下图所示。

Step 09 填列固定资产原价。在单元格 C26 中输入公式 "= 总账 !I24"，按【Enter】键确认输入，如左下图所示。

Step 10 填列累计折旧。在单元格 C27 中输入公式 "=ABS(总账 !I25)"，按【Enter】键确认输入，如右下图所示。

Step 11 填列固定资产账面价值。选中单元格 C28，输入公式 "=C26-C27"，按【Enter】键确认输入，如左下图所示。

Step 12 填列非流动资产合计。在单元格 C37 中输入公式 "=SUM (C24:C25)+SUM (C28:C36)"，按【Enter】键确认输入，如右下图所示。

Step 13 填列资产合计。在单元格 C38 中输入公式 "=C22 +C37"，按【Enter】键确认输入，如左下图所示。

Step 14 填列短期借款。在单元格 G8 中输入公式 "=ABS(总账 !I35)"，按【Enter】键确认输入，如右下图所示。

Step 15 填充公式。将鼠标定位至单元格 G8 的右下角，此时鼠标指针变成 "**+**" 字形状，将单元格 G8 中的公式向下填充到单元格 G16，此时即可统计出 "应付票据"、"应付账款"、"预收账款"、"应付职工薪酬"、"应交税费"、"应付利息"、"应付利润" 以及 "其他应付款" 科目的年末余额，如左下图所示。

Step 16 填列流动负债合计。在单元格 G18 中输入公式 "=SUM (G8:G17)"，按【Enter】键确认输入，如右下图所示。

Step 17 填列负债合计。在单元格 G25 中输入公式 "=G18 +G24"，按【Enter】键确认输入，如左下图所示。

Step 18 填列实收资本。在单元格 G33 中输入公式 "=ABS(总账 !I47)"，按【Enter】键确认输入，如右下图所示。

Step 19 填列未分配利润。在单元格 G36 中输入公式"=ABS(总账 !I50)",按【Enter】键确认输入,如左下图所示。

Step 20 填列所有者权益合计。在单元格 G37 中输入公式"=SUM (G33:G36)",按【Enter】键确认输入,如右下图所示。

Step 21 填列负债和所有者权益合计。在单元格 G38 中输入公式"=G25 +G37",按【Enter】键确认输入,如左下图所示。

Step 22 试算平衡。此时,即可得出"资产总计 = 负债和所有者权益总计",符合会计恒等式的要求,如右下图所示。

本章小结

本章综合利用 Excel 相关知识,介绍 Excel 在财务管理中的典型应用实例。希望通过这些实例的演示,能够加深读者对 Excel 不同知识点的深入理解,并能将其综合运用到财务工作中。